高等职业教育智能光电技术应用专业群产教融合新形态教材
高等职业教育智能光电技术应用专业群现场工程师新型活页式教材

传感器数据采集与应用

主　编　肖俊芳

副主编　陈启健　冯海芹

主　审　杨健龙

西南交通大学出版社
·成　都·

图书在版编目（CIP）数据

传感器数据采集与应用 / 肖俊芳主编. -- 成都：西南交通大学出版社，2024. 8. -- ISBN 978-7-5774-0037-2

Ⅰ.TP212

中国国家版本馆 CIP 数据核字第 20243ZK014 号

Chuanganqi Shuju Caiji yu Yingyong
传感器数据采集与应用

主　编 / 肖俊芳	策划编辑 / 李芳芳　李华宇　余崇波
	责任编辑 / 余崇波
	封面设计 / 吴　兵

西南交通大学出版社出版发行
（四川省成都市金牛区二环路北一段 111 号西南交通大学创新大厦 21 楼　610031）
营销部电话：028-87600564　028-87600533
网址：https://www.xnjdcbs.com
印刷：四川玖艺呈现印刷有限公司

成品尺寸　185 mm×260 mm
印张　12　字数　306 千
版次　2024 年 8 月第 1 版　印次　2024 年 8 月第 1 次

书号　ISBN 978-7-5774-0037-2
定价　36.00 元

课件咨询电话：028-81435775
图书如有印装质量问题　本社负责退换
版权所有　盗版必究　举报电话：028-87600562

前 言

随着信息技术的飞速发展，我们步入了一个数据驱动的时代。在这个时代，数据成为新的资源，而传感器则是开采这些宝贵资源的"矿机"。传感器作为信息采集的重要工具，其数据采集技术在各行各业中扮演着至关重要的角色。从工业生产线上的精密监测到智慧城市的环境控制，从医疗健康领域的体征监控到智能家居的生活便利，传感器的身影无处不在。随着科技的不断进步，传感器技术在各个领域广泛应用且不断更新迭代，众多行业如工业自动化、智能家居、智能交通等对传感器数据采集与应用的专业知识和技能需求强烈，编写教材有助于整合这些知识，为读者提供全面的学习资源，适应跨学科人才培养的趋势。为了使相关专业的教学内容更加完整和深入，需要有专门的教材来系统介绍其原理、数据采集方法以及最新的应用场景，以培养适应技术发展的专业人才。

本书为高等职业教育产教融合新形态教材、现场工程师新型活页式教材，系成都职业技术学院中国特色高水平专业群产教融合项目建设成果之一，旨在通过介绍传感器数据采集的原理、方法和典型应用，为读者提供全面、系统的知识，帮助读者理解传感器数据采集与应用的基本原理和技术，使读者能够掌握实际操作技能，学会如何有效地进行数据采集和处理，并在各个领域综合运用，以满足对传感器技术专业人才的需求。

本书以项目化教学为驱动，"润物细无声"地融入课程思政元素，并根据传感器的应用场景，确定具有明确目标的项目任务。同时，对传感器数据采集与应用的典型项目进行实践操作，每个典型项目由浅入深地引入传感器知识，讲解相关传感器的原理、特性和应用场景，并引导读者设计数据采集的方案，包括传感器的选择、传感器的特性、数据转换等内容，指导学生使用 C 语言编程实现数据采集和处理。

本书共分为两部分，包含 2 个专题和 9 个综合实训项目。从认识传感器开始，由浅入深地将传感器系统及其组成、常见传感器原理、常见传感器分类等知识传递给学习者，并打好传感器知识基础。本书通过软硬件环境搭建，能熟练使用各类工具，方便后续系统项目的操作及实践，再重点对典型传感器数据采集进行项目指导，完成光敏传感器、温湿度传感器、人体红外传感器、烟雾传感器、超声波传感器、火焰传感器、压力传感器、雨滴传感器、RFID 射频模块 9 大典型传感器的数据采集与应用实操，以成功采集到传感器数据结果为最终目标。

希望本书能给同学们带来不一样的体验，在理解不同类型传感器的工作原理、特性和使用场景后，能熟练使用相关工具和技术进行传感器数据的采集、处理和应用。也希望同学们能运用所学知识解决实际问题，并进一步设计集成度更高的传感器系统，主动学习和探索新的知识和技术，为适应相关行业的发展需求做好准备。感谢学校和企业对本书的大力支持，感谢主审杨健龙工程师对传感器应用案例的指导，感谢团队人员在教材编写过程中的倾情付出。敬请各位读者批评指正。

编　者

2024 年 7 月

扫一扫获取数字资源

目 录

第一部分 传感器原理及开发环境搭建

专题一 传感器数据采集与应用原理 ·· 002

1.1 知识导学 什么是传感器 ·· 002
1.2 知识讲解 ·· 003
1.3 学习目标 熟悉常用的传感器器件 ·· 010

专题二 传感器数据采集与应用开发环境搭建 ·· 016

2.1 知识导学 为什么选择 CC2530 芯片 ··· 016
2.2 知识讲解 ·· 017
2.3 学习目标 完成传感器数据采集开发平台软硬件搭建 ··· 018

第二部分 传感器数据采集与应用综合项目实训

项目一 光敏传感器数据采集与应用 ·· 032

1.1 项目导学 光敏传感器概述 ·· 032
1.2 项目知识 ·· 033
1.3 项目实训 光敏传感器数据采集软硬件设计 ··· 034

项目二 温湿度传感器数据采集与应用 ··· 039

2.1 项目导学 温湿度传感器模块 ··· 040

2.2 项目知识 ……………………………………………………………………… 041

2.3 项目实训　温湿度传感器数据采集软硬件设计 ……………………… 044

项目三　人体红外传感器数据采集与应用 …………………………………… 054

3.1 项目导学　人体红外传感器模块 ……………………………………… 055

3.2 项目知识 ……………………………………………………………………… 055

3.3 项目实训　人体红外传感器数据采集软硬件设计 …………………… 059

项目四　烟雾传感器数据采集与应用 ………………………………………… 065

4.1 项目导学　烟雾传感器模块 …………………………………………… 066

4.2 项目知识 ……………………………………………………………………… 066

4.3 项目实训　烟雾传感器数据采集软硬件设计 ………………………… 068

项目五　超声波传感器数据采集与应用 ……………………………………… 075

5.1 项目导学　超声波传感器模块 ………………………………………… 076

5.2 项目知识 ……………………………………………………………………… 076

5.3 项目实训　超声波传感器数据采集软硬件设计 ……………………… 078

项目六　火焰传感器数据采集与应用 ………………………………………… 094

6.1 项目导学　火焰传感器模块 …………………………………………… 095

6.2 项目知识 ……………………………………………………………………… 096

6.3 项目实训　火焰传感器数据采集软硬件设计 ………………………… 097

项目七　压力传感器数据采集与应用 ………………………………………… 103

7.1 项目导学　压力传感器模块 …………………………………………… 104

7.2 项目知识 ……………………………………………………………………… 105

7.3 项目实训　压力传感器数据采集软硬件设计 ………………………… 112

项目八 雨滴传感器数据采集与应用 ··········· 134

8.1 项目导学 雨滴传感器模块 ··········· 135
8.2 项目知识 ··········· 136
8.3 项目实训 雨滴传感器数据采集软硬件设计 ··········· 137

项目九 RFID 射频模块数据采集与应用 ··········· 155

9.1 项目导学 RFID 射频模块 ··········· 156
9.2 项目知识 ··········· 157
9.3 项目实训 RFID 射频模块数据采集软硬件设计 ··········· 161

参考文献 ··········· 183

第一部分 传感器原理及开发环境搭建

专题一 传感器数据采集与应用原理

【任务导入】

随着社会的进步,科学技术的发展,传感器走进了寻常百姓家,走进了人们的日常生活。智能技术的不断发展,物联网技术日益成熟,各类传感器的使用及研究也层出不穷。掌握传感器的原理及应用,是技术发展的需要,也是职业技能型人才的必备技能。本任务能让学生们系统了解什么是传感器、传感器的作用与地位、传感器系统及其组成、常见传感器分类等。只有熟悉传感器知识,才能有效地进行传感器的数据采集与应用。

知识目标

(1)了解传感器的发展。
(2)了解传感器的作用及地位。
(3)了解各类传感器应用场景。

能力目标

(1)能定位各类传感器的应用场景。
(2)能根据需求对传感器进行选型。
(3)能熟练掌握传感器系统的原理。

素质目标

(1)熟练掌握与本专业相关的国家法律、行业规定。
(2)掌握绿色生产、环境保护、安全防护、质量管理等相关知识与技能。
(3)学会从多角度、多维度思考问题并解决问题。

1.1 知识导学 什么是传感器

智能系统中的海量数据信息来源于终端设备,而终端设备数据来源于传感器,传感器赋予了万物"感官"功能，如人类依靠视觉、听觉、嗅觉、触觉感知周围环境。同样，终端设备通过各种传感器也能感知周围环境，且比人类感知更准确、范围更广。例如，人类无法通过触觉准确感知某物体的具体温度值，也无法感知上千度的高温，更不能辨别细微的温度变化。这便需要传感器，利用传感器进行数据采集，再通过各类处理器，进行数据处理，达到人类智能、远程、有效地识别及控制的目的。

生活中有大量的传感器运用场景，如照相机的光学元件、电子秤的压力传感器、指纹锁的指纹识别、空调的智能温度调节等（见图1.1.1）。

图1.1.1 传感器的运用

1.2 知识讲解

人体从外界获取信息，需借助身体的感觉器官。而利用计算机研究自然现象和规律以及生产活动等工作，则需要借助电子的"感觉器官"，那就是传感器。传感器是人类五官的"延伸"，又称之为"电子五官"。如果用机器完成这一过程，那么计算机相当于人的大脑，执行机构相当于人的身体，传感器则是人的五官和皮肤。传感器在人工智能及物联网时代的重要性不言而喻。

1.2.1 传感器的特性

传感器是一种能将物理量、化学量、生物量等转换成电信号的器件，它具备如下特性：
（1）传感器是测量装置，可以完成信息采集项目。
（2）传感器的输入量是某一被测量对象，可能是物理量、化学量、生物量等。
（3）传感器的输出量便于传输、转换、处理、显示等，是另一种物理量，包含气、光、电量等。
（4）传感器的输出与输入有对应关系，且应有一定的精确度。

1.2.2 传感器的作用与地位

传感器在宇宙开发、海洋探测、军事国防、环境保护、资源监控、医学诊断、生物工程、商检质检，甚至文物保护等领域的应用极其广泛。可以毫不夸张地说：每个现代化项目，特别是各种复杂工程系统，都离不开各种各样的传感器。由此可见，传感器技术在发展经济、推动社会进步方面的重要性十分明显。

构成智能系统的三大关键节点为：传感器技术（信息采集）——感官；通信技术（信息传输）——神经；计算机技术（信息处理）——大脑。无论多么复杂的系统，信息采集是基础。传感器是获取准确可靠信息的主要途径和手段，传感器技术是智能系统、人工智能、物联网等最重要的前端技术。

1.2.3　传感器数据采集系统及其组成

现代传感技术是自动检测、自动控制系统以及机电一体化的第一基础。控制系统如图 1.1.2 所示。

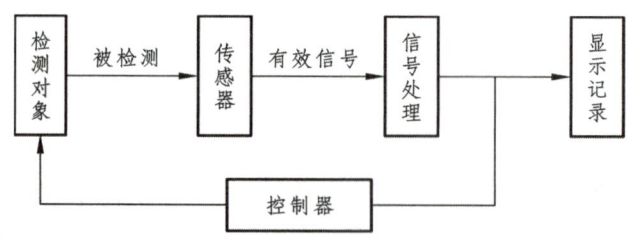

图 1.1.2　控制系统

传感器由敏感元件、转换元件、测量电路三部分组成，如图 1.1.3 所示。

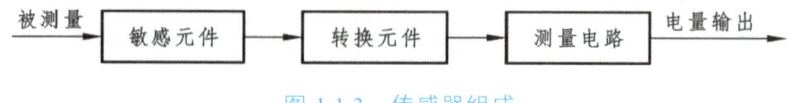

图 1.1.3　传感器组成

（1）敏感元件（Sensitive Element）又称预变换器，是传感器中能直接感受被测量的部分，用于感受被测量。

（2）转换元件（Transduction Element）是核心部件，将相应的敏感元件输出量（非电量）转换成适于传输和测量的电参量（如电阻、电容、电感等），决定了传感器的工作原理，如图 1.1.4 所示。

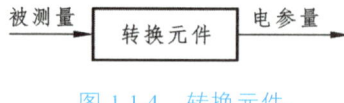

图 1.1.4　转换元件

（3）测量电路（Measuring Circuit）又叫转换电路或信号处理电路，把电参量接入电路转换成电量。

1.2.4　常规传感器原理

1.　电阻式传感器

电阻式传感器是其敏感元件电导率随外界环境变化而变化的传感器，可分为电位计式传感器与应变式传感器。

（1）电位计式传感器。

电位计式传感器将机械的线位移或角位移转变成电阻或电压输出，通过位移 l 变化改变电阻器结构参数 R（变化规律为：$\Delta R(l) = \dfrac{\rho \Delta l}{s}$），从而使得电阻值发生相应变化。

应用举例：汽车中座椅位置检测时，旋转或平移触点位置使有效电阻发生变化。

（2）应变式传感器。

金属应变效应是指将一根固定长度的金属导线使用外力拉伸时，其导线长度会增加、横切面积减小（假定各部分变化均匀且温度恒定），则根据电阻的结构参数定义可得电阻会发生相应

变化。变化规律为

$$\begin{cases} R = \dfrac{\rho l}{s} \\ \dfrac{dR}{R} = \dfrac{dl}{l} - \dfrac{ds}{s} = \dfrac{dl}{l} - \dfrac{2dr}{r} = \left(1 - \dfrac{2dr}{r} \Big/ \dfrac{dl}{l}\right) \dfrac{dl}{l} \\ \mu = \dfrac{2dr}{r} \Big/ \dfrac{dl}{l} \text{（泊松比）} \\ \dfrac{dR}{R} = (1-\mu) dl / l \end{cases}$$

应变式传感器利用该效应将机械形变（dl/l 横向应变、dr/r 纵向应变）直接转变为电阻值变化的传感器，可检测位移、压力、加速度、扭矩等物理量，并且能在高温、强磁等恶劣环境下工作。一般在实际应用中，采用多个应变片（紧贴被测物体）组成电桥电路，将电阻变化转换成电压输出。

半导体应变效应是指半导体在受外力作用时，几何尺寸在微小的形变下，电阻值也能有较大变化（压阻效应）。利用半导体压阻效应可用于测量水位情况。

2. 电容式传感器

电容式传感器是将被测量变化转换成电容量变化的传感器，通过电路转换将电容量变化转换成电压或频率等信号输出。变化规律为

$$C = \dfrac{\varepsilon S}{d}$$

通过改变面积 S、介电常数 ε、间距 d 等任一参数，均可改变电容量 C；选择变化的参数不同，其传感器特性也不同。

3. 电感式传感器

电感式传感器利用自感或互感系数的变化来检测非电量的变化，通过基本电路将自感或互感系数的变化转变成电压或频率信号输出。电感式传感器种类很多，常见的有自感式传感器、互感式传感器和电涡流式传感器三种。

（1）自感式：自感式传感器线圈中磁通量与线圈电流的比值为一个恒定值，即为自感系数，它与线圈匝数、磁芯材料等有关。通过改变磁芯材料或磁芯材料位置即可改变自感系数，然后通过转换电路将自感系数的变化转换为电信号的变化。

（2）互感式：互感式传感器工作原理类似于变压器（电-磁-电转换），两组线圈中的磁芯位置的变化将引起两组线圈耦合强度的变化，即互感系数的变化。

（3）电涡流式：将金属块放置于变化的磁场中或在匀强磁场中运动时，会在金属块中形成闭合电流，这种现象称为涡流效应，产生的电流称为涡流。涡流式传感器的基本结构为一个线圈，若给线圈通高频电流，当有金属块靠近线圈时，会在金属块中产生涡流（涡流的大小与导体磁导率、电阻率、励磁电流角频率、导体位置等有关），同时涡流产生的磁场会阻碍线圈磁场的变化，即线圈等效电感或等效阻抗会发生变化。通过检测参数的变化即可测量出金属块位移、厚度、材料类别等信息，常用场景如图 1.1.5 所示。

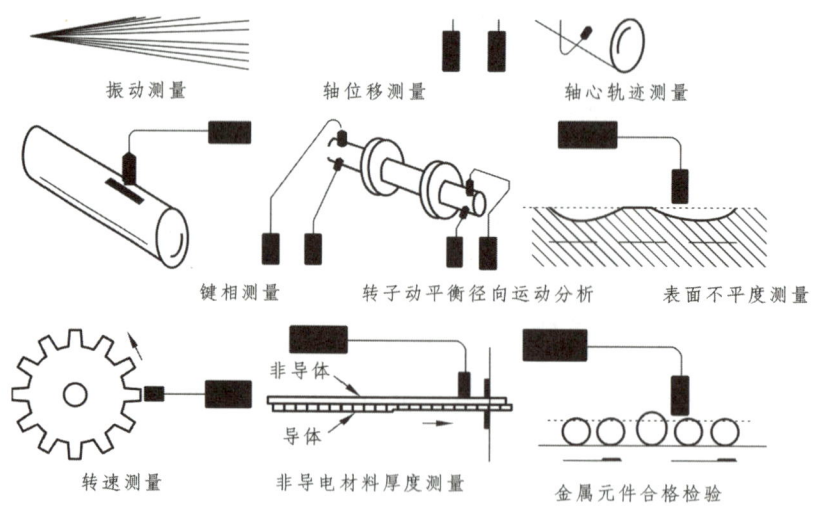

图 1.1.5 利用涡流效应进行检测的常用场景

4. 压电式传感器

压电式传感器是一种基于压电效应的传感器。在某些晶体材料上施加外力而发生形变时，会在晶体相应表面上分布等量异种电荷，这种现象称为正压电效应；相反，在晶体极化方向上施加电场时，会使晶体发生形变，称为逆压电效应。利用晶体这一特性可制作压力传感器、超声波传感器等。

压电效应定义如下：当某些电介质沿着一定方向受到外力作用而发生形变时，其内部会产生极化现象，同时在它的两个相对表面上产生正负相反的电荷，当外力去掉后，材料又会恢复到不带电的状态，这种现象称为压电效应。相反，当在电介质的极化方向施加电场时，这些电介质也会产生变形，这被称为逆压电效应（电致伸缩效应）。

具有压电效应的材料称为压电材料，如石英晶体、钛酸钡、锆钛酸铅等。压电陶瓷经过极化处理后，也具有显著的压电效应，且其压电系数通常比石英晶体大得多，因此灵敏度更高。

5. 磁敏传感器

磁敏传感器是利用磁电转化原理，将磁场信号转换为电信号，主要用来检测磁场。典型的磁敏传感器就是利用霍尔效应制成的霍尔式传感器，如图 1.1.6 所示。

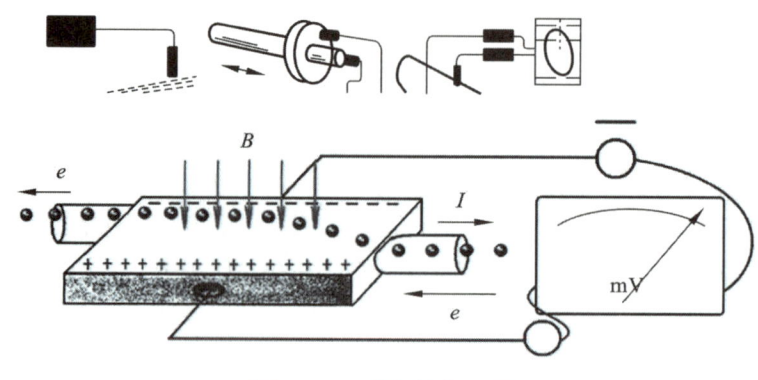

图 1.1.6 磁电转化原理

通有电流的金属片放置于磁场中时,在垂直于磁场与电流的方向将产生电动势,电动势大小正比于磁场与电流的乘积,这种现象称为霍尔效应。

霍尔效应的本质是电子在磁场中运动时受到磁场力(洛伦兹力)的作用,即电子向金属表面运动,使金属片表面分布等量异种电荷。

6. 光电式传感器

光电式传感器是利用光电效应将光信号转换成电信号的一种传感器。光电效应一般分为外光电效应和内光电效应。

(1)外光电效应是指在光照情况下,电子获得能量溢出物体表面的现象,如图 1.1.7 所示。基于该效应的器件有光电二极管、光电倍增管等。

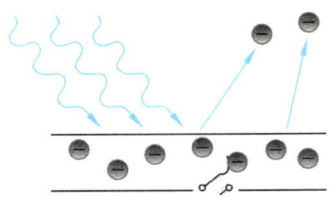

图 1.1.7　外光电效应

(2)内光电效应分为光电导效应和光伏效应。

光电导效应:在光照情况下,电子获得能量后从键合状态过渡到自由状态,从而引起材料电阻率的变化。基于这种效应的器件有光敏电阻,如图 1.1.8 所示。

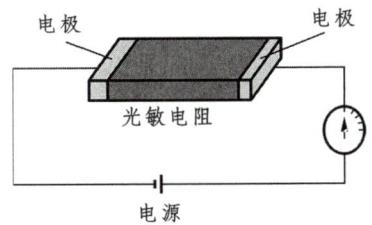

图 1.1.8　光电导效应(单位:mm)

光伏效应:光照射半导体 PN 结时,在结区附近激发出电子-空穴对,形成持续电场。光电池就是利用这一原理工作的,如图 1.1.9 所示。

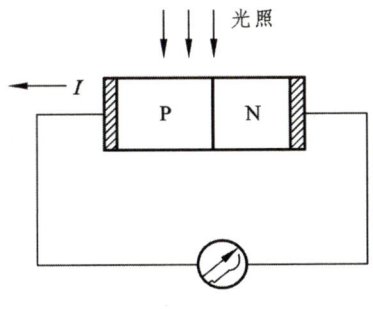

图 1.1.9　光伏效应

7. 热电偶与热电阻

热电偶与热电阻常用来检测温度。热电偶基于热电效应,而热电阻则是利用金属导体电阻随温度变化原理实现检测温度的作用。

（1）热电偶。

将两种不同导体两端连接在一起组成闭合回路，并将两端置于不同的温度环境中，在闭合回路中将产生电动势并形成电流。

电动势由温差电动势与接触电动势两部分组成。温差电动势的产生是由于温度不同，高温端的电子能量比低温端电子能量大，因而高温端跑到低温端的电子数目要比低温端跑到高温端的电子数目多，结果高温端失去电子而带正电，低温端得到电子而得负电，形成温差电动势。接触电动势产生的原因为不同材料在接触端由于自由电子密度不同，高密度电子向低密度扩散，扩散运动稳定后形成接触电动势。

将热电偶一端置于恒温环境，另一端置于被检测环境中，通过测量回路中的电流大小即可检测环境温度。

（2）热电阻。

热电阻利用导体或半导体电阻率随温度变化而变化的原理来感知温度。一般选取具有正温度系数的材料。热电阻通常由纯金属制成，最常用的是铂（Pt），但也使用铜（Cu）、镍（Ni）等其他金属。对于大多数金属来说，其电阻值随着温度升高而增加。这种正温度系数（Positive Temperature Coefficient，PTC）使得金属适合作为温度敏感元件。热电阻的阻值与温度的关系为

$$R_t = R_0(1+\alpha t)$$

式中，R_t 是在温度 t 的电阻值；R_0 是在参考温度（通常是 0°°C 或 20°°C）下的电阻值；α 是材料的温度系数，表示每摄氏度电阻的变化率。

1.2.5 传感器数据处理

1. 温度补偿

传感器在实际应用中，温度的变化会引起传感器特性参数变化，从而会改变传感器的静动态特性。由于大多数电子元器件材料为半导体，而温度对半导体导电性能起决定作用，因此温度是影响传感器精度的重要因素之一。

温度补偿方法：假设被测量为 x，传感器输出为 y，环境温度为 T，零点输出为 Y_0，传感器灵敏度为 K，则线性传感器特性可表示为

$$y = Y_0(T) + K(T)x$$

从式中可以看出，传感器零点与灵敏度均受温度影响。则传感器温度灵敏度可表示为

$$S_T = \frac{\mathrm{d}y}{\mathrm{d}T} = \frac{\mathrm{d}Y_0(T)}{\mathrm{d}T} + \frac{\mathrm{d}K(T)}{\mathrm{d}T}x$$

温度补偿实质就是令 $S_T = 0$。该式包括了对零点温度漂移补偿和灵敏度补偿。实际应用中可采用传感器本身的特性满足温度补偿，例如，利用具有正负温度系数特性的电阻，使电阻随温度变化的增量相等，从而抵消温度对输出的影响，或者利用电路结构特性，使温度干扰信号转换为共模信号输入，然后做差分运算互相抵消。

2. 非线性补偿

传感器输入输出非线性主要体现在两方面：① 敏感元件在转换原理上非线性，如热电偶热端温度与热电动势是非线性的关系；② 采用的测量电路非线性，如电桥测量电路，其桥臂元件参数的变化使电桥失去平衡，导致输入输出关系非线性。

非线性补偿方法有硬件法和软件法，前者是增加非线性补偿环节，利用某些元器件非线性特性，组成各种指数、对数、开方等运算，以实现对传感器输入输出非线性补偿。软件法补偿相比于硬件法来说更简单，无须增加非线性环节，从而降低了硬件复杂度。软件补偿主要有查表法和计算法。

（1）查表法。

有些传感器输入和输出高度非线性，输入和输出的关系很复杂，可能涉及指数、对数、微积分等复杂运算，由于受处理器限制，无法快速完成这些运算，或者输入和输出根本无法建立数学模型，为解决这类问题，可采用查表法。查表法就是将具体输入与输出记录下来并建立一张关系表，实际应用时，通过查表来输出。

（2）计算法。

当传感器输出与输入的关系有确定的数学表达式时，可以在程序中编制一段实现这个数学表达式的程序，被测量经过检测、AD 采样、标度变化后进入计算机并根据数学关系计算，计算后的值就是线性化处理后的输出。建立数学模型可采用数据拟合的方式实现，首先采集输入输出数据序列，然后通过线性插值或多项式插值方式找出数据模型。

线性插值法是假设输入输出特性为非线性关系，关系为 $y = f(x)$，当 $x = x_i$ 时，$y = y_i$，$x = x_k$ 时，$y = y_k$，则当 $x_n = x_i + \Delta x$（$x_i < x_n < x_k$）时，y_n 可表示为

$$y_n = y_i + \frac{y_k - y_i}{x_k - x_i} \Delta x$$

多项式插值法是设法用一个多项式 $p(x)$ 去逼近传感器实际特性 $y = f(x)$，使得 $p(x_n) = f(x_n)$。如图 1.1.10 所示，用 $p(x)$ 近似替代传感器实际特性 $f(x)$。

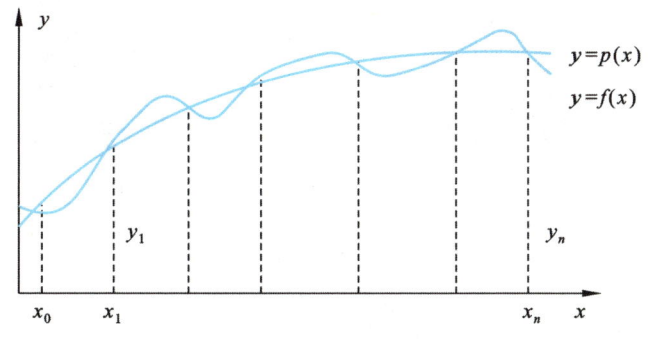

图 1.1.10　多项式插值特性

3. 标度变换

数字传感器采集的数据并不等于原来带有量纲的参数值，它仅仅对应于被测参数的大小，必须把它转换成带有量纲的数值后才能显示应用，这种变换称为标度变换。例如，温度传感器

监测 -40 ~ 120 ℃ 温度时，传感器输出为 0 ~ 5 V 电压，经过 A/D 转换后得到 0 ~ 255 数字量，则 0 ~ 255 数字量则是对应 -40 ~ 120 ℃ 的温度信号。

若被测物理量变化范围为 $A_0 \sim A_m$，对应数字量为 $D_0 \sim D_m$，实际输入 A_n 对应数字量为 D_n，则 A_n 可表示为

$$A_n = A_0 + \frac{D_n - D_0}{D_m - D_0}(A_m - A_0)$$

1.3　学习目标　熟悉常用的传感器器件

1.3.1　光敏传感器模块

光敏传感器模块通常基于光电效应来工作。它包含一个光敏元件（如光敏电阻或光敏二极管）、一个放大电路和一个输出接口。当光线照射到光敏元件上时，其电阻值或输出电压会发生变化，通过放大电路放大后输出给外部电路或系统，如图 1.1.11 所示。

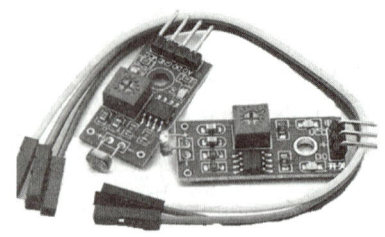

图 1.1.11　光敏传感器模块

1.3.2　温湿度传感器模块

温湿度传感器模块是一种能够同时测量环境温度和湿度的传感器设备，如图 1.1.12 所示。它在各种应用场景中都有广泛的使用，包括但不限于室内气候控制、工业过程监控、农业环境监测等。温湿度传感器通常使用电容、电阻或电子薄膜等敏感元件来测量温度和湿度。传感器接收到的物理量变化后，通过内部的算法将这些变化转换为电信号输出。

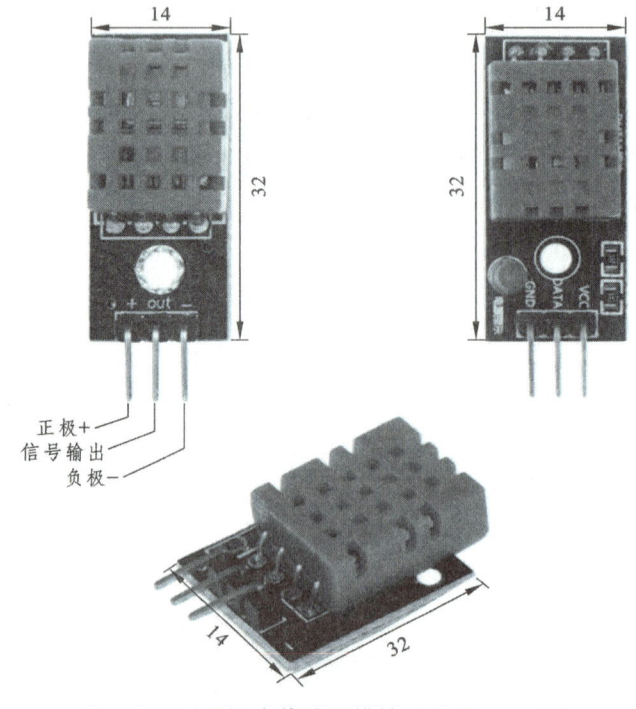

图 1.1.12　温湿度传感器模块（单位：mm）

温度测量原理：常见的温度传感器主要使用热敏电阻、热电偶、热电阻等来测量湿度。例如，热敏电阻会随温度的变化而改变其电阻值，从而测量温度。

湿度测量原理：湿度传感器主要使用电容或电阻来测量湿度。例如，电容式湿度传感器通过测量空气中水分的影响来间接测量湿度。

1.3.3　压力传感器模块

压力传感器模块是一种能够检测压力并将其转换为电信号输出的装置，广泛应用于各种工业和技术领域。压力传感器通常由两部分组成，一部分是压力敏感元件，它直接感受压力的变化；另一部分是信号处理单元，它将压力变化转换成电信号，如图 1.1.13 所示。

当压力作用于传感器的敏感元件时，会引起元件的物理形变或特性变化（如电阻、电容、电感等），然后这种变化通过信号处理单元被转换成相应的电信号输出。

压力传感器可以根据它们所能测量的压强范围、工作温度以及压强类型进行分类。按照测试压力类型，压力传感器可以分为表压传感器、差压传感器和绝压传感器。

常见的压力传感器类型包括应变式、压阻式、电容式、压电式、振频式等。这些传感器各有其特点和适用领域，例如，应变式压力传感器通过测量弹性元件的应变来间接测量压力。

压力传感器在工业生产中扮演着重要角色，它们不仅可以提供承受高压的坚固性，还具有足够的弹性，以最低限度地变形并在受压时恢复其原始形状。这使得压力传感器能够满足自动化系统集中检测与控制的要求。

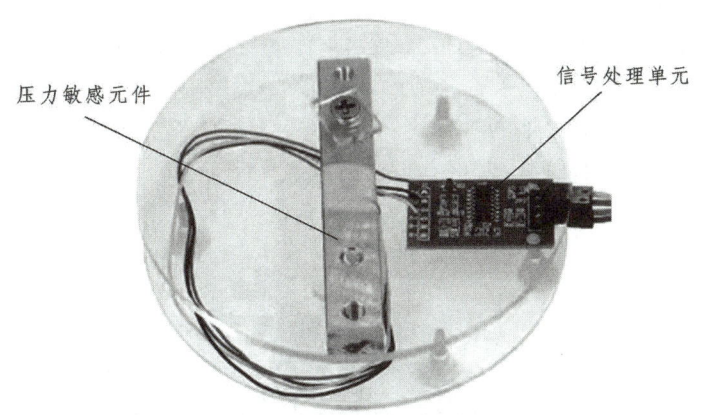

图 1.1.13　压力传感器模块

1.3.4　气体传感器模块

气体传感器是一种能够将特定气体的体积分数转化为对应电信号的装置，通常用于检测和测量气体的成分和浓度。气体传感器在许多领域都发挥着重要作用，尤其在安全监测方面，如图 1.1.14 所示。

气体传感器通过探测头对气体样品进行探测，这个过程包括滤除杂质和干扰气体，以便准确检测目标气体。根据检测气体的种类，气体传感器可以分为可燃气体传感器、有毒气体传感器、有害气体传感器和氧气传感器等。这些传感器可能采用不同的检测技术，如催化燃烧式、红外式、热导式、半导体式、电化学式、金属半导体式、光离子化式、火焰离子化式等。气体传感器的优点包括良好的稳定性和高灵敏度，但它也存在一些缺点，如技术壁垒较高、市场占有率相对较低。总的来说，气体传感器是一种重要的安全监控工具，其种类繁多，可以满足不同环境和应用的需求。选择合适的气体传感器对确保人员安全和环境保护至关重要。

图 1.1.14　气体传感器模块

1.3.5　火焰传感器模块

火焰传感器是一种能够检测火焰或火光的装置，通常用于安全监测系统中。如图 1.1.15 所示，火焰传感器的主要功能是检测火焰的存在。它对火焰特别灵敏，可以利用红外线对火焰的敏感性来检测火焰，并将火焰的亮度转化为变化的电平信号，输入中央处理器中，由中央处理器根据信号变化做出相应的处理。火焰传感器的工作原理基于光学检测技术。当火焰燃烧时，会产生特定波长的光线，这些光线被称为"火焰光谱"。传感器利用光电效应将这些特定波长的光线转换成电信号，从而检测火焰的存在。

常见的火焰传感器主要有红外线和紫外线火焰传感器，以及可以同时检测红外线和紫外线的复合型传感器。此外，还有离子型火焰传感器等其他类型。

图 1.1.15　火焰传感器模块

1.3.6　雨滴传感器模块

雨滴传感器是一种能够检测降水情况的传感装置,主要用于汽车自动刮水系统等领域,如图 1.1.16 所示。雨滴传感器通过检测雨量来控制刮水器的工作,确保驾驶员在雨天或雪天行驶时有良好的前方视野。根据不同的工作原理,雨滴传感器可以分为光感式、压电式等类型。光感式雨滴传感器利用光线的变化来检测雨滴,而压电式雨滴传感器则是通过雨滴冲击产生的能量变化来进行检测。除了在汽车领域的应用外,雨滴传感器也可被用于其他需要监测降雨情况的场合,如智能温室、城市排水系统等。雨滴传感器通常具有高灵敏度和快速响应的特点,能够实时检测雨水的降落并提供可靠的信号输出。

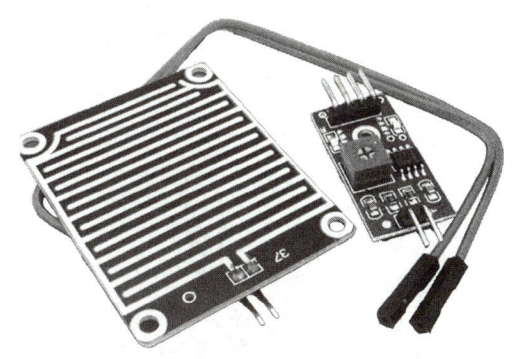

图 1.1.16　雨滴传感器模块

1.3.7　超声波传感器模块

超声波传感器主要是通过发射超声波,然后接收反射回来的超声波,通过分析这些回声信号来获取所需的信息,如图 1.1.17 所示。这种传感器能够精确地测量距离、速度和方向,因此在许多领域都有广泛的应用。超声波传感器工作时,其内部的换能器(通常是压电晶片)会发射出频率高于 20 kHz 的机械波。这些波在遇到障碍物时会发生反射,并被传感器接收部分捕捉。传感器通过计算发射和接收超声波之间的时间差来确定与障碍物的距离。

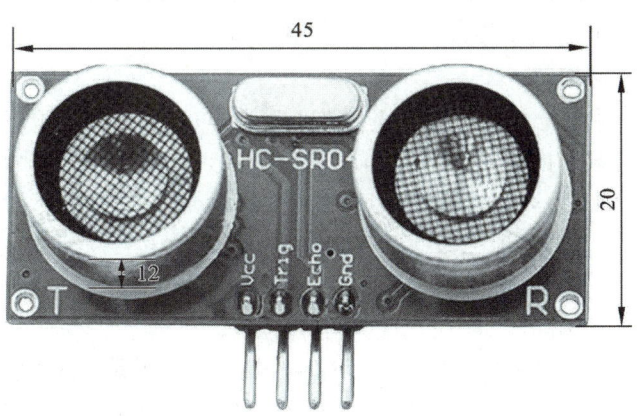

图 1.1.17　超声波传感器模块(单位:mm)

常见的超声波传感器由压电晶片组成,这些晶片既可以发射超声波,也可以接收超声波。

它们通常包含一个发射器和一个接收器，发射器负责发出超声波信号，而接收器则负责监听这些信号的回声。

超声波传感器是一种高效且多功能的传感设备，它通过发射和接收超声波信号来检测和测量物体，其高精度和良好的方向性使其在许多领域都有着重要的应用。

1.3.8 人体红外传感器模块

人体红外传感器是一种能够检测人体发出的红外辐射的设备，基于热释电效应工作，如图1.1.18 所示。人体红外传感器的工作原理主要基于两个核心概念：人体的恒定体温和热释电效应。由于人体具有大约 37 ℃的恒温，因此会发出特定波长（约 10 μm）的红外线。这种红外辐射可以被特制的传感器探测到。当有人进入传感器的监测范围内，人体发出的红外辐射会导致传感器内的晶体温度发生变化，从而在晶体两端产生电荷。这一过程被称为热释电效应。

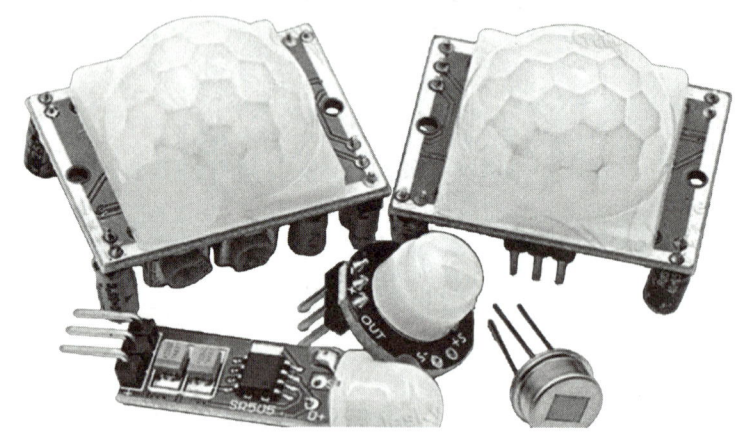

图 1.1.18　人体红外传感器

1.3.9 RFID 射频模块

RFID 射频模块，即无线射频识别（Radio Frequency Identification）模块，是一种利用无线电波进行识别和数据交换的技术模块。它通过无线电频率信号自动识别目标对象并获取相关数据，无须建立机械或光学接触。

一个典型的 RFID 系统至少包含两个组件，即阅读器（Reader）和电子标签（Transponder 或 Tag）。阅读器发射特定频率的无线电波，当电子标签进入这一区域时，它会接收能量并发送带有识别信息的信号，由阅读器捕获并处理这些信息。

RFID 读写器向周围空间发射无线电波形成电磁场，当 RFID 标签进入该电磁场后，其内置电路被激活，从而发送出存储在芯片中的唯一识别码。读写器接收到这个信号后解码并进行处理，实现对标签所代表的物品或对象的识别与跟踪。

RFID 射频模块广泛应用于物联网、供应链管理、门禁控制、防伪溯源等众多领域，如图1.1.19 所示，因其便捷性和高效性而被视为 21 世纪最具发展潜力的信息技术之一。

RFID 射频模块为现代自动识别技术提供了一种高效、安全、便捷的解决方案，它的非接触式特性和广泛的应用前景使其在许多行业中得到了快速推广和应用。

专题一　传感器数据采集与应用原理

图 1.1.19　RFID 射频模块

专题二 传感器数据采集与应用开发环境搭建

【任务导入】

传感器数据采集需要硬件平台,本任务利用 CC2530 搭建传感器数据采集平台,使用 IAR 软件进行编程,并将传感器数据进行处理,便于后续课程结合 ZigBee 进行物联网无线通信应用。CC2530 是针对 2.4 GHz IEEE 802.15.4、ZigBee 和 RF4CE 应用的一个真正的片上系统(SoC)解决方案。它能以非常低的总材料成本建立强大的网络节点。

知识目标

(1)了解 CC2530 芯片的功能。
(2)了解 IAR 开发软件。
(3)了解各类传感器的应用场景。

能力目标

(1)能安装 IAR 开发软件并熟练掌握新建工程及调试功能。
(2)能使用 IAR 软件搭建传感器数据采集的开发环境。
(3)能熟练使用 CC2530 单片机的基本功能。
(4)能使用 Protel 进行原理图与 PCB 图的绘制。

素质目标

(1)了解自主学习的过程并掌握开发工作的能力。
(2)培养数据收集、整理、分析能力。

2.1 知识导学 为什么选择 CC2530 芯片

CC2530 是一款由德州仪器(Texas Instruments,TI)推出的无线微控制器,它具有以下几个显著优点:

（1）低功耗设计：CC2530 采用了先进的低功耗技术，使得它在运行时能够显著降低功耗，从而延长设备的电池寿命。这一点对需要长时间运行且不易更换电源的物联网设备尤为重要。

（2）高性能射频收发器：内置了高性能的射频收发器，支持常见的无线通信标准和协议，如 ZigBee。这使得 CC2530 能够提供稳定且远距离的通信能力。

（3）丰富的内存资源：具备 8 KB RAM 和不同版本的闪存容量（32/64/128/256 KB），满足不同应用需求。较大的内存空间可以存储更多的程序代码和数据，便于实现复杂的功能。

（4）多种运行模式：CC2530 具有不同的运行模式，尤其适应超低功耗要求的系统。运行模式之间的转换时间短，进一步确保了低能源消耗。

（5）广泛的工作温度范围：能够在 -40 ~ 85 ℃ 的温度范围内正常工作，适用于各种恶劣的环境条件。

（6）多样化的接口选项：提供了 SPI、UART、I2C、ADC 等多种接口，方便与各种外设连接和通信。

（7）集成开发环境兼容性：CC2530 的开发套件可以与 IAR for MCS-51 集成开发环境无缝连接，便于开发者进行程序编写和调试。

CC2530 因其低功耗、高性能、丰富的内存资源以及多种运行模式等优点，在物联网、智能家居、工业自动化和智能安防等领域得到了广泛应用。这些特性使得 CC2530 成为许多无线传感器网络和智能设备的理想选择。

2.2 知识讲解

2.2.1 CC2530 简介

CC2530 结合了领先的 RF 收发器的优良性能，包括业界标准的增强型 8051CPU、系统内可编程闪存、8 KB RAM 和许多其他强大的功能。CC2530 有四种不同的闪存版本：CC2530F32/64/128/256，分别具有 32/64/128/256 KB 的闪存。CC2530 具有不同的运行模式，使得其尤其适应超低功耗要求的系统，如图 1.2.1 所示。运行模式之间的转换时间短，进一步确保了低能源消耗。C2530F256 结合了德州仪器的业界领先的黄金单元 ZigBee 协议栈（Z-Stack™），提供了一个强大和完整的 ZigBee 解决方案。

图 1.2.1　CC2530 开发板

2.2.2　CC2530 的应用

在物联网（IoT）领域，CC2530 因其低功耗特性，被广泛用于物联网设备中，如传感器和远程控制器，这些设备通常需要长时间运行且难以更换电源。

在智能家居领域，CC2530 可以用于智能锁、照明系统、温控器等设备，实现家居自动化和远程控制。

在工业环境中，CC2530 用于创建无线传感器网络，监测生产线状态、环境参数等，提高了生产效率和安全性。

在安防系统中，CC2530 可用于门窗感应器、烟雾探测器等，通过无线网络实现实时监控和警报通知。

此外，由于 CC2530 集成了 ZigBee 无线通信协议栈，也常用于开发基于 ZigBee 的通信设备。例如，学生可能在学习物联网技术与应用课程时，使用 CC2530 进行环境数据采集的项目，这涉及 ZigBee 模块的数据收集并通过其他通信模块（如 ESP8266 Wi-Fi 模块）上传至云平台。

CC2530 的应用非常广泛，它不仅适用于需要长期运行和难以充电的设备，也适用于需要稳定无线连接和有一定计算能力的智能设备。

2.2.3　IAR 开发软件简介

IAR 软件是由 IAR 系统公司开发的一款集成开发环境，专为嵌入式系统设计。以下是关于 IAR 软件的一些详细介绍：

（1）公司背景：IAR 系统公司成立于 1983 年，总部位于瑞典的乌普萨拉，是一家全球领先的嵌入式系统开发工具和服务供应商。

（2）产品范围：IAR 提供的产品和服务涵盖了嵌入式系统设计、开发和测试的每个阶段。它最著名的产品是 C 编译器——IAR Embedded Workbench，支持包括 8051、MSP430 以及基于 ARM 核的嵌入式处理器等众多知名半导体公司的微处理器。

（3）优化功能：IAR 软件具有强大而灵活的优化功能，能够生成极为紧凑的目标代码，这有助于提高最终产品的性能和效率。

（4）广泛应用：许多全球知名的公司都在使用 IAR 提供的开发工具来开发他们的前沿产品，应用领域包括消费电子、工业控制、汽车应用、医疗、航空航天、手机应用系统等多个行业。

IAR 软件是一个专业的嵌入式系统开发工具，它以其强大的代码优化能力和广泛的硬件支持，成为嵌入式开发领域的重要工具之一。

2.3　学习目标　完成传感器数据采集开发平台软硬件搭建

本课程的前导课程为 Protel 电路设计、C 语言程序设计，因此，本任务将不再重复电路设计与程序设计基础能力的培养。在使用 Protel 软件时，应具备从电路设计到 PCB 布局、仿真测试、库管理等多方面的能力，具体包括：

（1）电路原理图设计：应掌握使用 Protel 软件绘制电路原理图的能力，包括放置元件、连线、设置属性等操作。

（2）PCB 布局设计：需要了解如何在 Protel 软件中进行 PCB 布局设计，这包括元件的放置、线路的布置以及符合制造要求的 PCB 设计规范。

（3）电路仿真与分析：Protel 软件提供了电路仿真功能，应学会使用这一工具对设计的电路进行仿真测试和性能分析。

（4）库管理：应熟悉如何管理和维护元件库，包括创建新的元件、编辑现有元件及其属性等。

（5）文件管理与输出：掌握在 Protel 软件中管理项目文件的技能，包括文件的保存、导出以及打印等操作。

（6）设计规范与标准：应了解并应用电子设计中的规范和标准，如 IPC 标准等，确保设计的可制造性和可靠性。

（7）版本控制：应学会使用版本控制工具来管理设计的不同版原理图设计版本，以便于团队协作和项目管理。

具备以上能力，再参考原理图后，便能独立完成原理图及 PCB 板的设计。

2.3.1　CC2530 硬件平台搭建

CC2530 芯片外围电路简单，设计好电源、天线、晶振等电路后，因集成了 ZigBee 通信协议栈和无线电频率部分，具有较高的性能和灵活性，在电路设计中需预留大量的传感器接入端子，便于传感器数据采集，并广泛应用于家庭自动化、工业控制和传感器网络等领域。

1. CC2530 最小系统（见图 1.2.2）

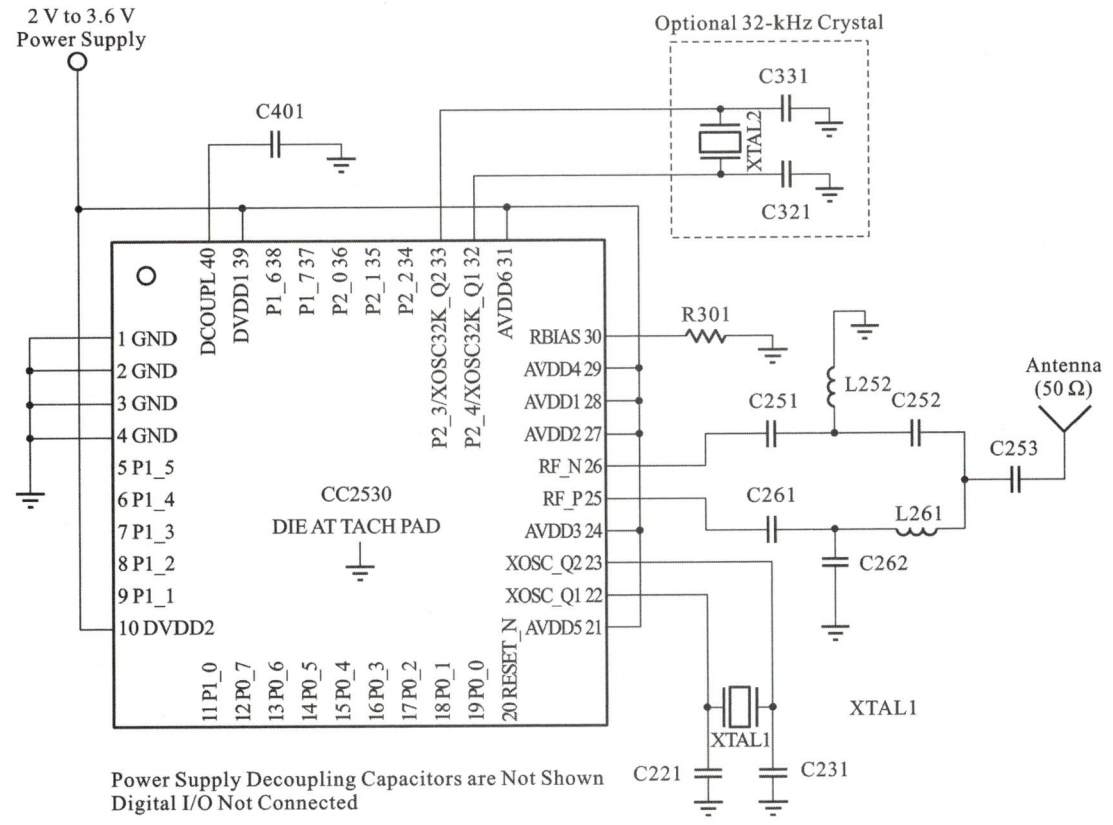

图 1.2.2　CC2530 最小系统图

2. CC253 原理图设计（见图 1.2.3、图 1.2.4）

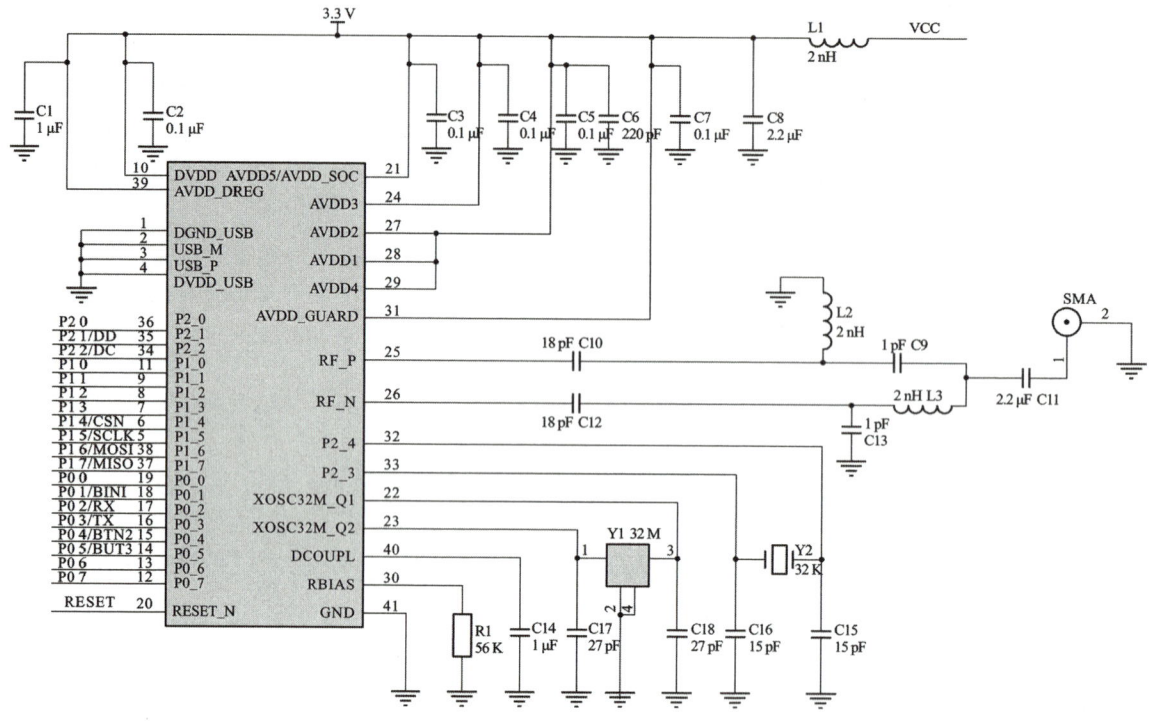

图 1.2.3　CC2530 原理图

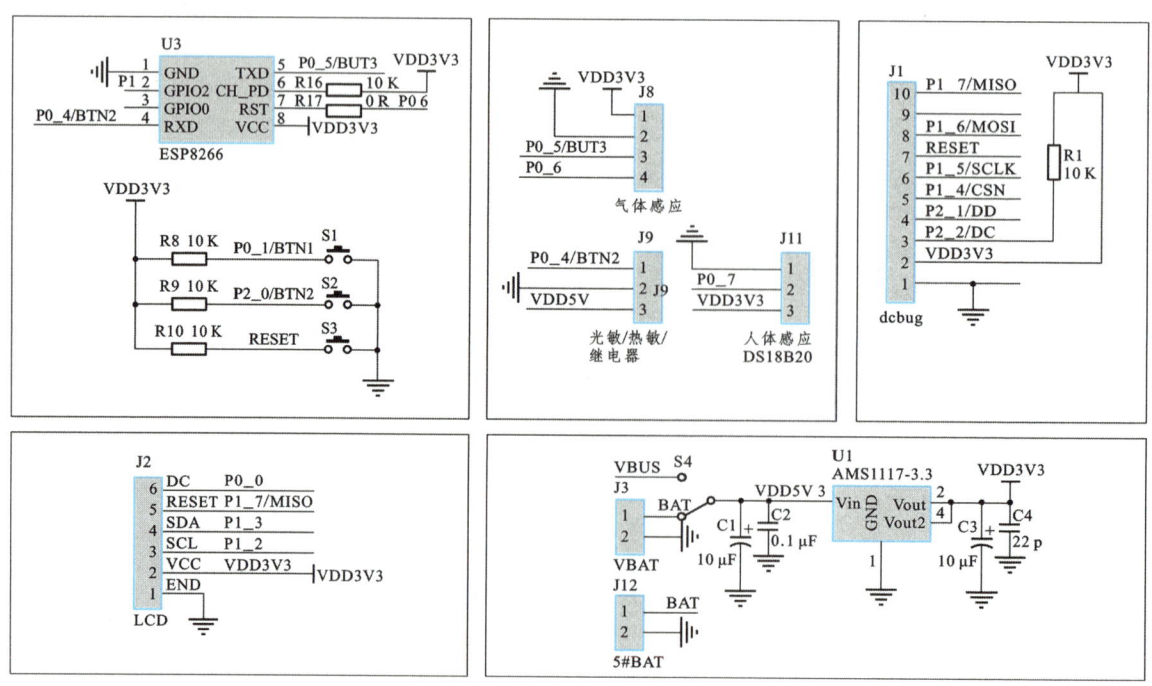

（a）

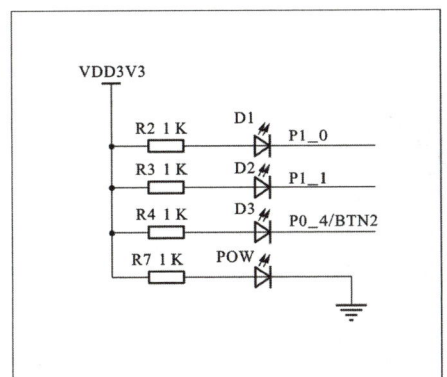
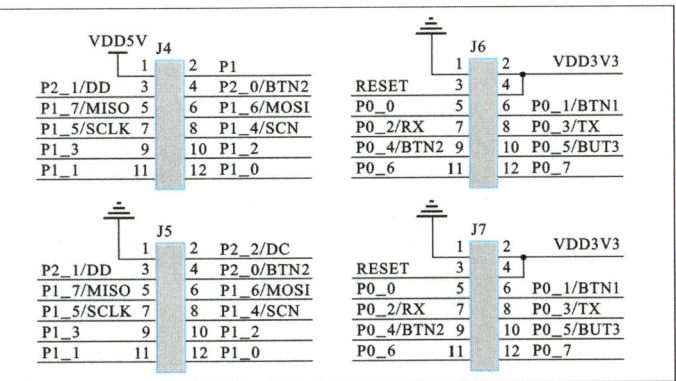
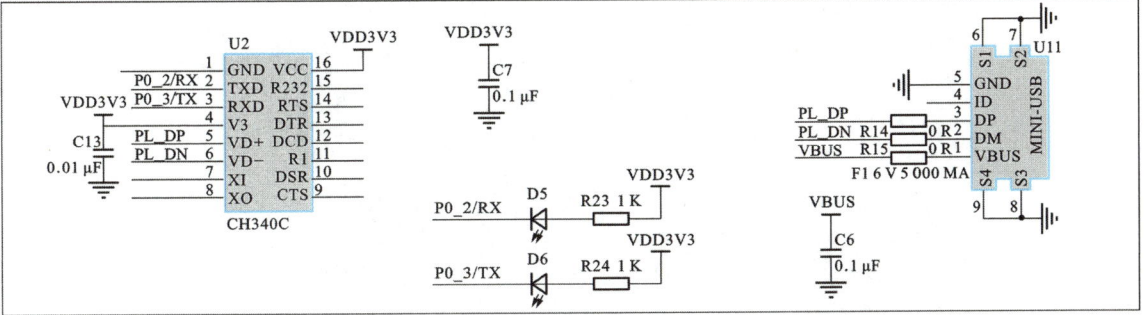

（b）

图1.2.4　CC2530外围接口设计

3. PCB板设计（见图1.2.5）

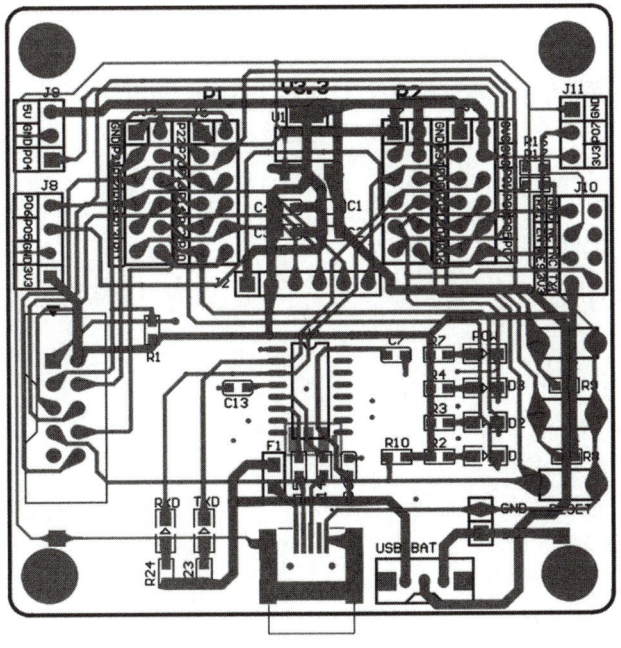

图1.2.5　CC2530 PCB设计

4. CC2530+ZigBee 硬件平台（见图 1.2.6）

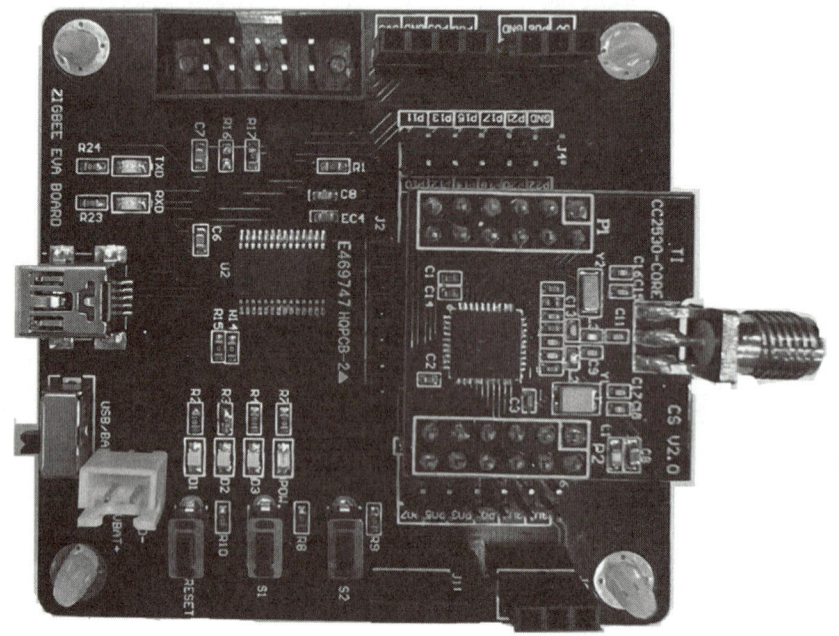

图 1.2.6　CC2530+ZigBee 硬件实物平台

2.3.2　IAR 软件平台搭建

1. 开发平台设备准备清单

（1）硬件：计算机一台、ZB2530（底板、核心板、仿真器、USB 线）一套。

（2）程序开发及调试软件：IAR-EW8051-8101、Packet_Sniffer_2.17.0、Setup_SmartRFProgr_1.12.7、SMARTRF04EB 仿真器驱动（Win7 64 位）、串口调试助手和驱动、2000/XP/Win7-10 系统、传感器数据采集开发软件包。

2. IAR 集成开发环境介绍

IAR Embedded Workbench IDE 是一个嵌入式框架，任何可用的工具都可以完整地嵌入其中，这些工具包括：

① 高度优化的 IAR AVR C/C++编译器；
② AVR IAR 汇编器；
③ 通用 IAR XLINK Linker；
④ IAR XAR 库创建器和 IAR XLIB Librarian；
⑤ 一个强大的编辑器；
⑥ 一个工程管理器；
⑦ TM IAR C-SPY 调试器；
⑧ 一个具有世界先进水平的高级语言调试器。

嵌入式 IAR Embedded Workbench 适用于大量 8 位、16 位以及 32 位的微处理器和微控制器，使用户在开发新的项目时也能在所熟悉的开发环境中进行。它为用户提供一个易学和具有大量代码继承能力的开发环境，以及对大多数和特殊目标的支持。嵌入式 IAR Embedded Workbench 能有效提高用户的工作效率，通过 IAR 工具，用户可以大大节省工作时间。

3. IAR Embedded Workbench 工程建立

（1）首先双击"IAR EW8051 V8.1\EW8051-EV-8103-Web.exe"，进行 IAR Embedded Workbench 程序安装。

（2）新建工程与工程设置。

① 打开 IAR 集成开发环境，单击菜单栏的"Project"，在弹出的下拉菜单中选择"Create New Project…"，如图 1.2.7 所示。

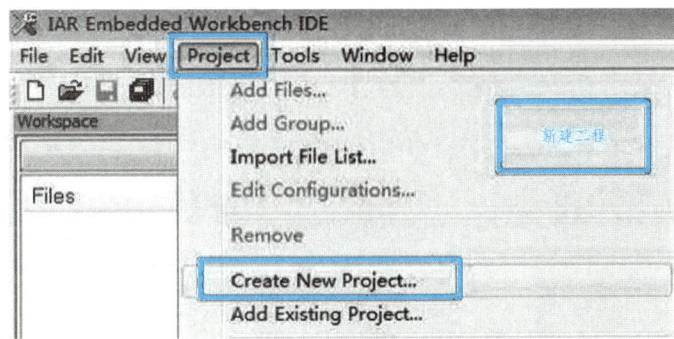

图 1.2.7　工程创建

② 在弹出的窗口选中"Empty project"，再点击"OK"，如图 1.2.8 所示。

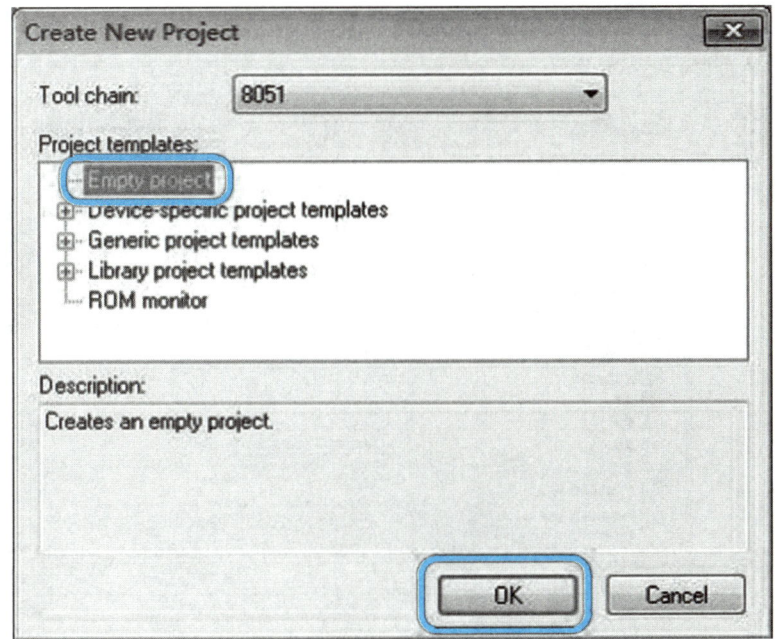

图 1.2.8　工程创建选项

③ 选择保存工程的位置，填写工程名，如图 1.2.9 所示。

④ 保存工程后选择菜单栏上的"File"，在弹出的下拉菜单中选择"Save Workspace"。在弹出的"Save Workspace As"对话框中选择保存的位置，输入文件名即可，如图 1.2.10 所示。

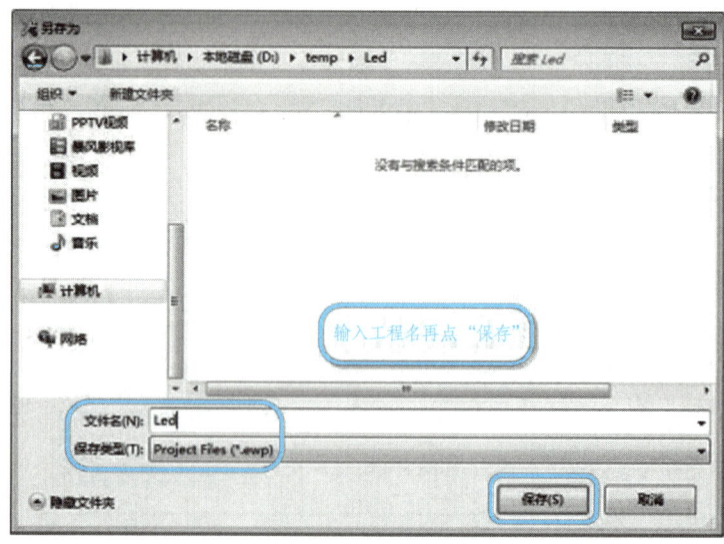

图 1.2.9　工程保存

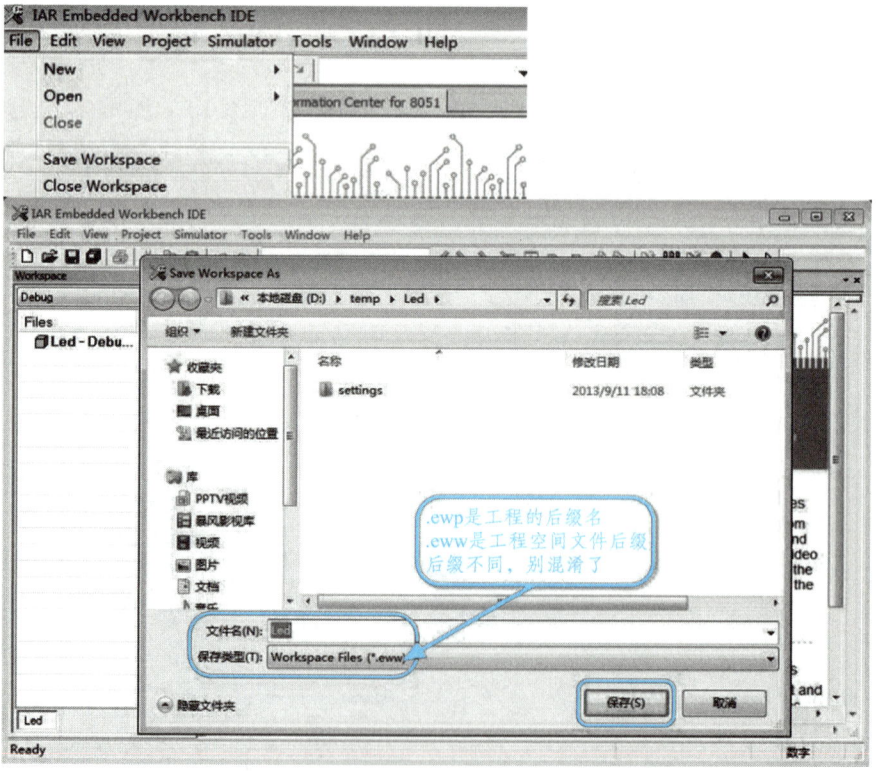

图 1.2.10　工程后缀

4. 工程设置

IAR 集成了许多种处理器，在建立工程后必须对工程进行设置才能够开发出相应的程序。设置步骤如下：

（1）点击菜单栏上的"Project"，在弹出的下拉菜单中选择"Options"，弹出"Option for node 'Led'"对话框，其快捷方式是在工程名上点击右键，选择"Options…"。设置窗口如图 1.2.11 所示。

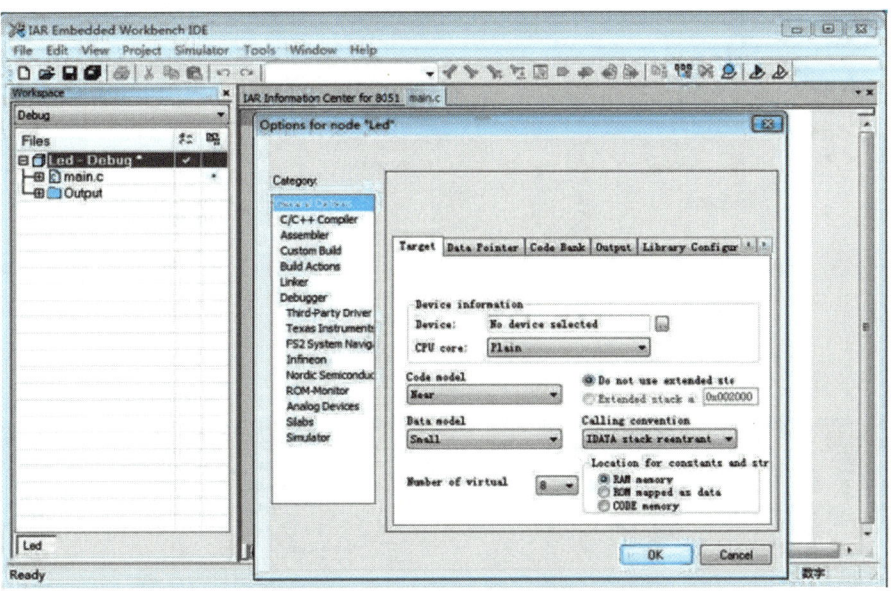

图 1.2.11　工程配置

（2）设置相关参数。在"General Option"选项的"Target"标签下，"Device"栏中选择"Texas Instruments"文件夹下的"CC2530F256.i51"，如图 1.2.12、图 1.2.13 所示。

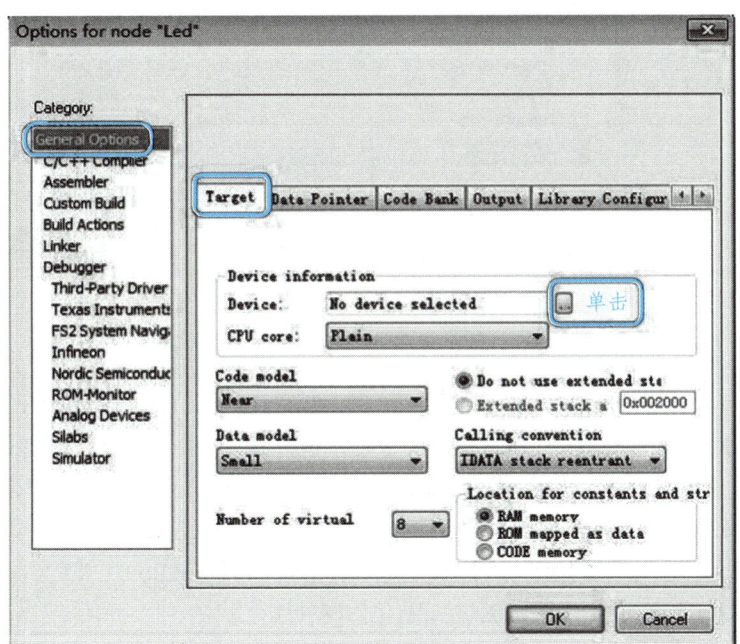

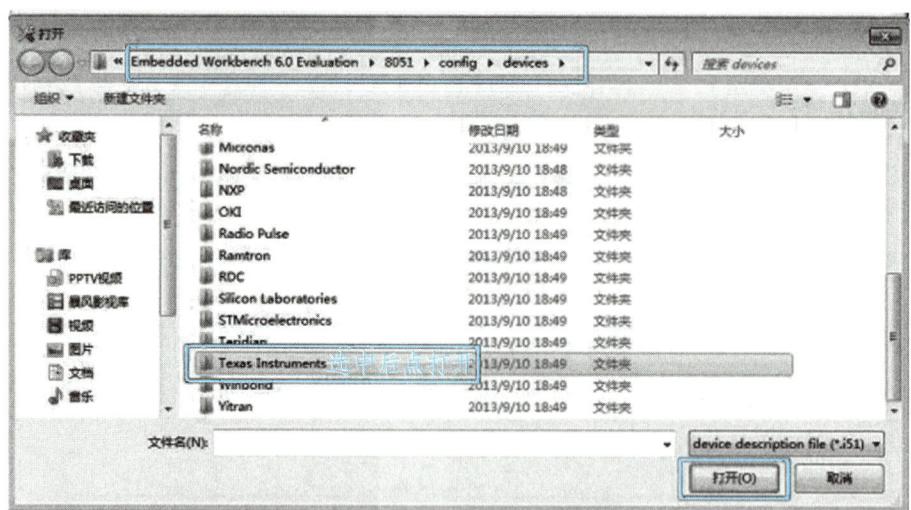

图 1.2.12　工程参数设置 1

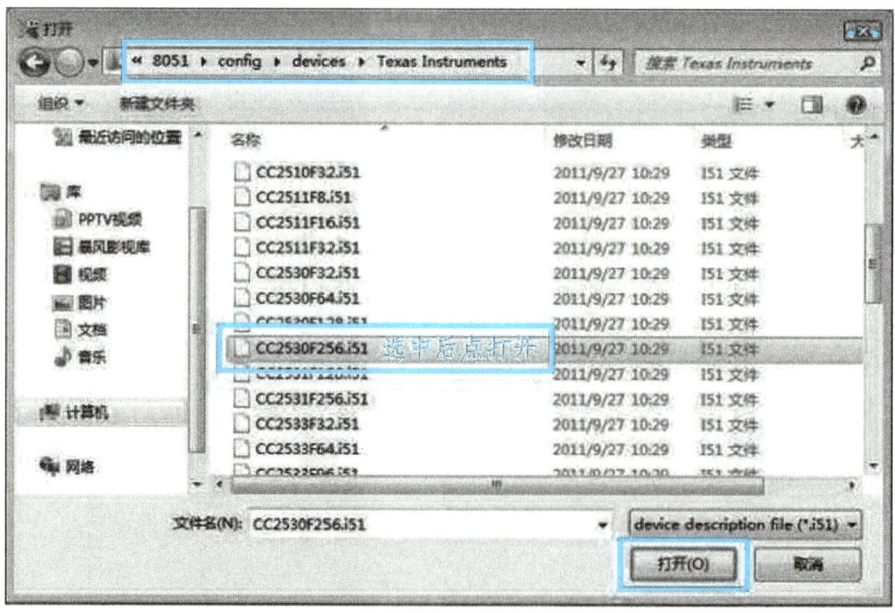

图 1.2.13　工程参数设置 2

（3）设置"Code model"、"Data model"和"Calling convention"，如图 1.2.14 所示。

（4）在"Stack/Heap"标签下，"XDATA"文本框内设置为"0x1FF"，如图 1.2.15 所示。

（5）"Linker"选项中的"Config"标签，勾选"Override default"，点击下面对话框最右边的按键，选择"lnk51ew_cc2530F256_banked.xcl"，如图 1.2.16 所示。

（6）"Output"标签选项主要用于设置输出文件及格式，勾选"Allow C-SPY-specific extra output file"，并设置"Extra Output"如图 1.2.17、图 1.2.18 所示。

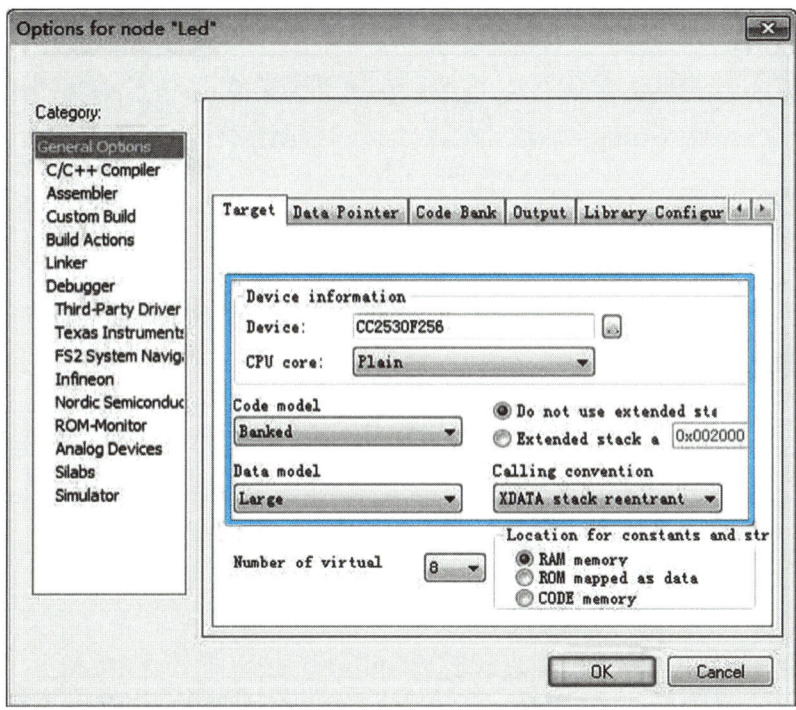

图 1.2.14 工程参数设置 4

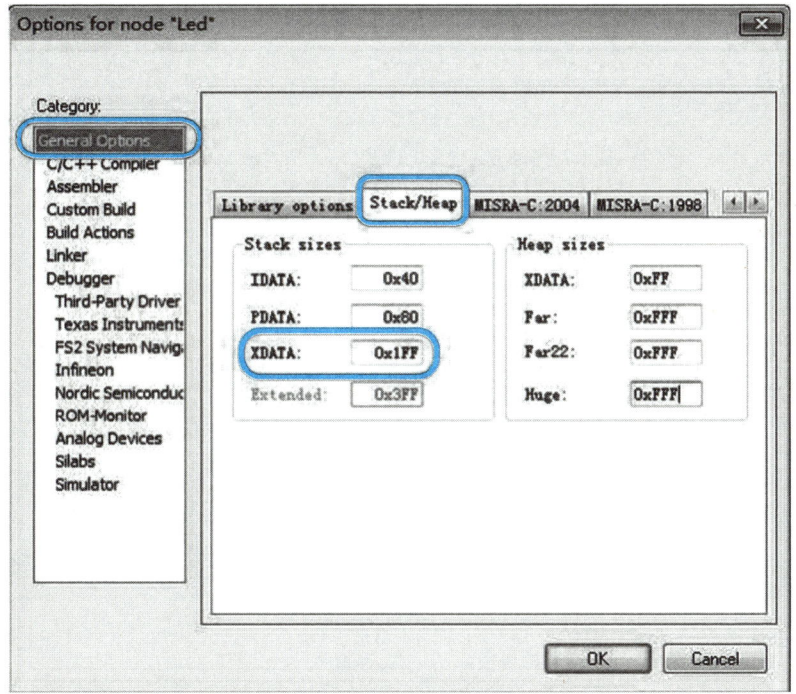

图 1.2.15 工程参数设置 5

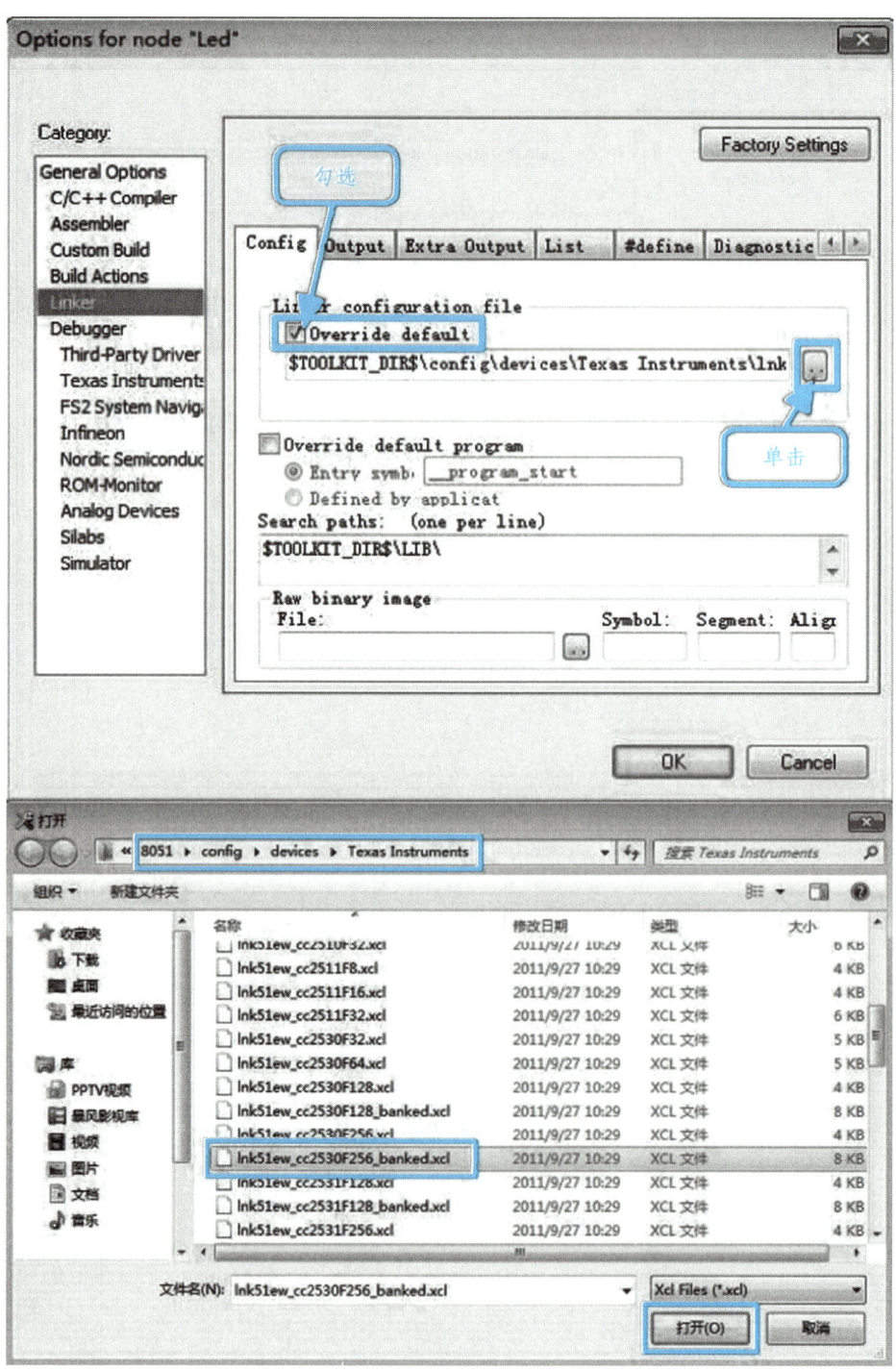

图 1.2.16　工程参数设置 6

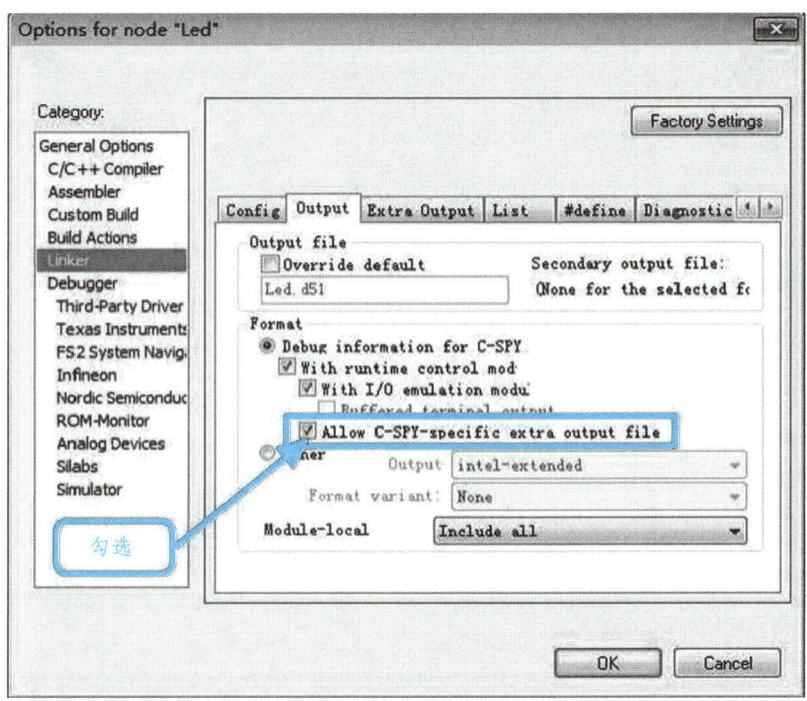

图 1.2.17　工程参数设置 7

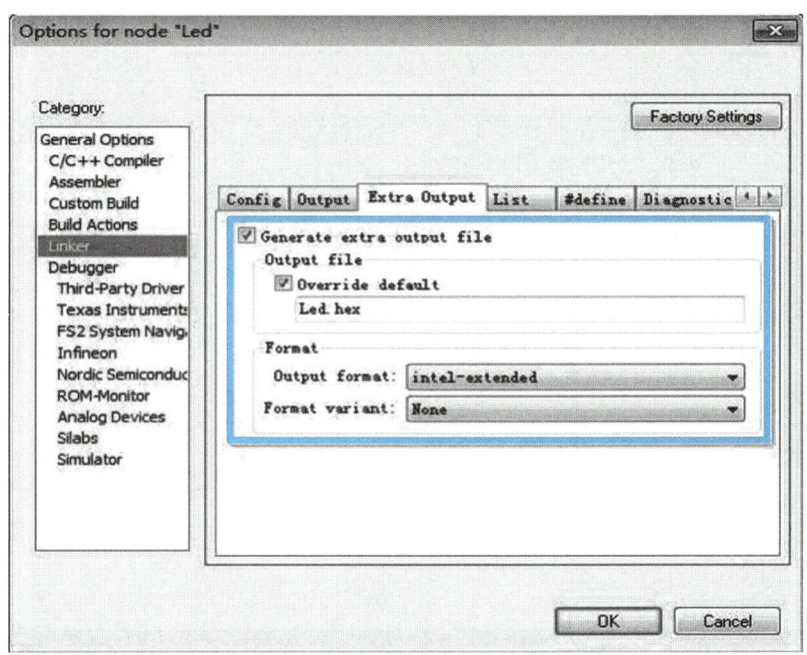

图 1.2.18　工程参数设置 8

（7）"Debugger"栏中的"Setup"栏设置为"Tesas Instruments"，如图 1.2.19 所示。经过以上设置，所有设置已完成，可以对工程进行编译，看是否正确。

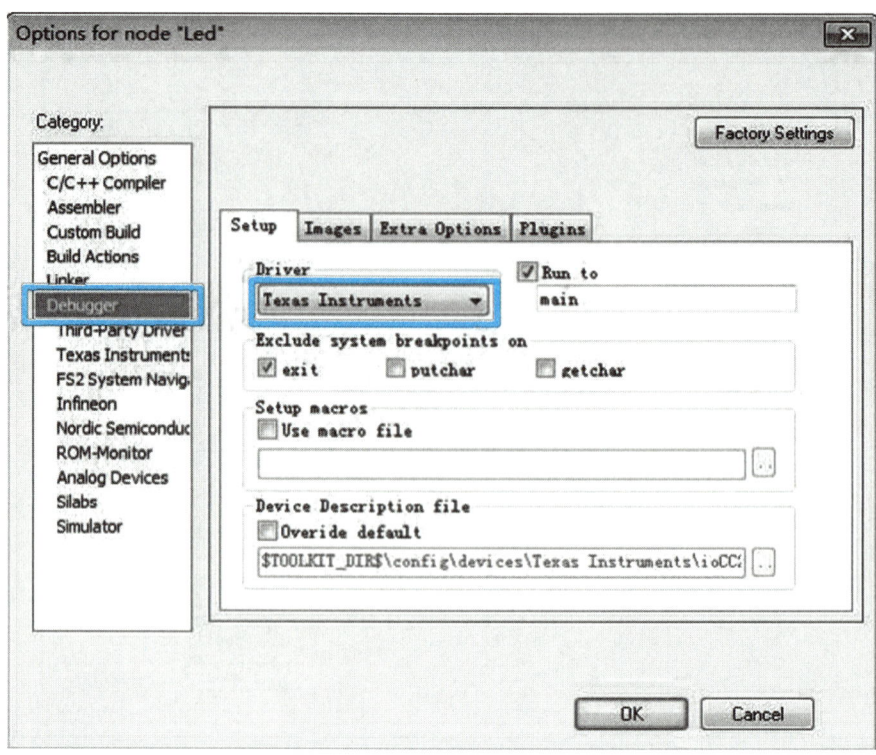

图 1.2.19　工程参数设置 9

（8）编译工程：点击"Make"图标 ，如果所有文件都没有错，编译结果显示如图 1.2.20 所示。

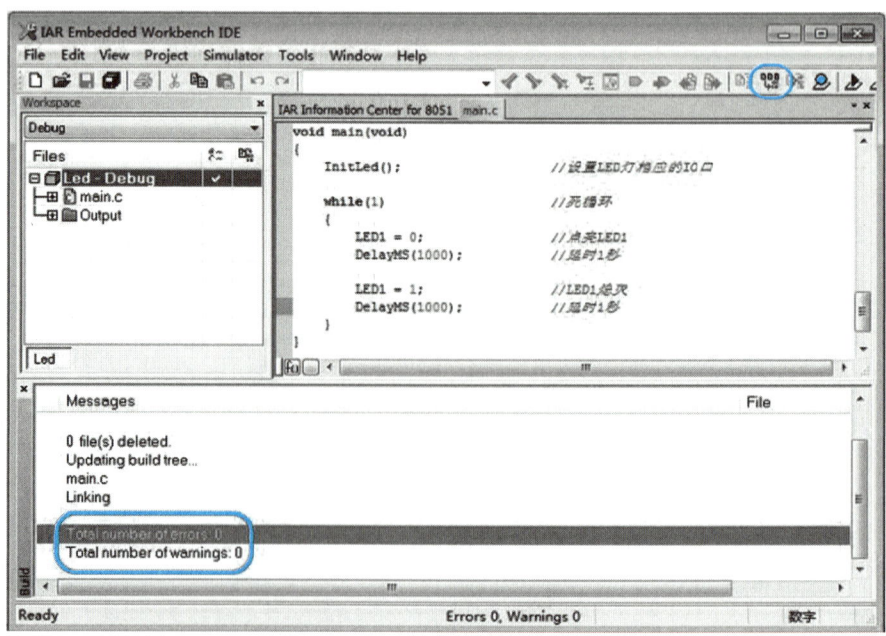

图 1.2.20　编译结果

第二部分 传感器数据采集与应用综合项目实训

项目一　光敏传感器数据采集与应用

【项目导入】

光学传感器中的光敏传感器使用较为广泛，下面以光敏传感器为例进行讲解及开发。光敏传感器模块由光敏电阻+宽电压 LM393 比较器组成，本项目重点讲解光敏电阻器的知识以及如何使用光敏电阻器模块。

知识目标

（1）了解光敏传感器的原理。
（2）理解光敏传感器如何将光信号转换为电信号。
（3）熟悉光敏传感器的类型和应用。
（4）通过编程接入 CC2530 来读取和处理光敏传感器的信号。

能力目标

（1）掌握光敏传感器的特性以及如何搭建光敏传感器电路。
（2）掌握光敏传感器与 CC2530 系统的连接，并进行调试和测试。
（3）掌握光敏传感器获得数据的原理，并合理运用进行编程。
（4）能够阅读和理解相关技术文档，记录实验结果，并撰写技术报告。

素质目标

（1）培养团结协作和沟通能力。
（2）培养勇于创新、敬业乐业的工作作风。

1.1　项目导学　光敏传感器概述

光敏传感器是一种能够将光信号转换为电信号的设备，它通过感光元件检测光线强度并产生相应的电流或电压变化。

光敏传感器的工作原理主要基于半导体的光电效应。当光照射到光敏元件上时，元件会吸收光子能量，导致内部电子状态发生变化，从而改变元件的电阻或产生电流。这种变化可以被电路检测并转换为电信号，达到各种控制和测量的目的。

光敏传感器的应用非常广泛，它不仅用于检测光的强弱，还可以作为其他传感器的探测元件，用于检测能够转化为光信号的非电量的变化。例如，在太阳能草坪灯、光控小夜灯、照相机、光控玩具、声光控开关等电子产品中，光敏传感器都扮演着至关重要的角色。此外，它们还广泛应用于数字相机、智能手机、安防监控等领域，其中 CMOS 和 CCD 图像传感器也是常见的光敏传感器。

总的来说，光敏传感器是一种重要的电子元件，它将光信号转换为电信号，以便电子设备能够感知和响应周围环境的光线变化。

1.2　项目知识

1.2.1　光敏传感器的原理

常用的光敏电阻器是硫化镉光敏电阻器，由半导体材料制成。光敏电阻器对光的敏感性（即光谱特性）与人眼对可见光 0.4~0.76 μm 的响应很接近，只要人眼可感受到的光，都会引起它的阻值变化。设计光控电路时，可用白炽灯泡（小电珠）光线或自然光线作控制光源，使设计大为简化。通常，光敏电阻器被制成薄片结构，以便吸收更多的光能。当它受到光的照射时，半导体片（光敏层）内就激发出电子-空穴对，参与导电，使电路中电流增强。为了获得高的灵敏度，光敏电阻的电极常采用梳状图案，它是在一定的掩膜下向光电导薄膜上蒸镀金或铟等金属形成的。一般光敏电阻器结构如图 2.1.1 所示。

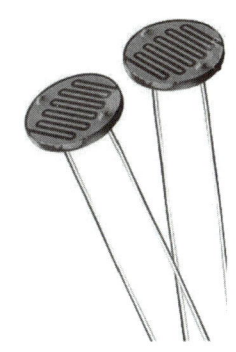

图 2.1.1　光敏电阻

光敏电阻器通常由光敏层、玻璃基片（或树脂防潮膜）和电极等组成。光敏电阻器在电路中用字母"R"、"RL"或"RG"表示。光敏电阻常用硫化镉（CdS）制成，它分为环氧树脂封装和金属封装两款，同属于导线型（DIP 型）。环氧树脂封装光敏电阻按陶瓷基板直径分为 3 mm、4 mm、5 mm、7 mm、11 mm、12 mm、20 mm、25 mm。

1.2.2　光电信号转换

在无光或光线很弱的情况下，光敏电阻的阻值很高，通常在几兆欧姆（MΩ）。当有光线照射到光敏电阻上时，半导体材料会吸收光子能量，这会导致电子从价带激发到导带，从而产生自由电子和空穴，增加了载流子的数量，使得光敏电阻的阻值显著下降，通常降至几百欧姆到几千欧姆。

在电路中，光敏电阻与一个定值电阻可以组成简单的分压电路。白天受到强光照射时，光敏电阻的阻值下降，导致整个电路的总电阻减小，电流增大，定值电阻两端的电压随之增大，而光敏电阻两端的电压则减小,甚至接近 0 V。这样,通过测量定值电阻两端的电压变化,就可以检测到光信号的变化,实现光信号到电信号的转换。

1.2.3 种类与应用

光敏传感器有多种类型,包括光敏电阻、光敏二极管、光敏三极管、光电管、光电倍增管、太阳能电池、红外线传感器、紫外线传感器、光纤式光电传感器、色彩传感器以及 CCD 和 CMOS 图像传感器等。这些传感器在各自的领域内有着广泛的应用,如自动控制系统、非电量电测技术、安防监控、数字摄影等。

1.2.4 结构特点

光敏传感器的结构设计是为了提高其对光线的灵敏度。例如,光敏电阻通常在半导体材料两端装上电极引线,并封装在带有透明窗的管壳里;两电极常做成梳状,以增加灵敏度。

光敏传感器的敏感波长通常在可见光波长附近,但也包括红外线波长和紫外线波长。这意味着它们可以检测不同光谱范围内的光信号。

光敏传感器的性能可能受到环境因素的影响,如湿度。因此,它们通常被封装在密封壳体内,以免受潮影响其灵敏度。

1.3 项目实训 光敏传感器数据采集软硬件设计

1.3.1 光敏传感器数据采集硬件设计

1. 光敏电阻模块电路设计(见图 2.1.2)

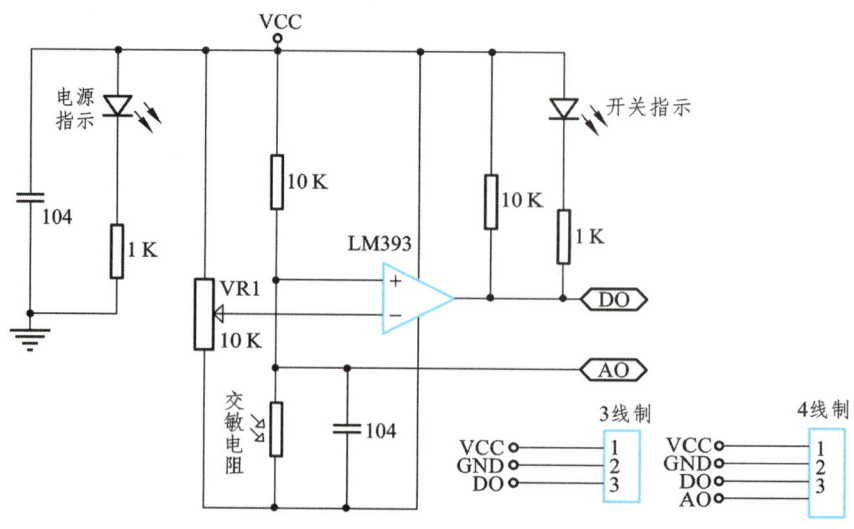

图 2.1.2 光敏电阻传感器模块电路

2. 光敏电阻模块 PCB 设计（见图 2.1.3）

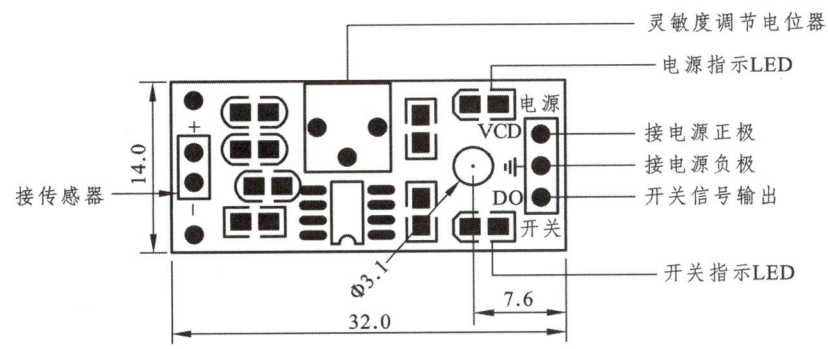

图 2.1.3　光敏电阻模块 PCB 图

3. 光敏电阻模块特色

（1）采用灵敏型光敏电阻传感器。
（2）通过比较器输出，信号干净，波形好，驱动能力强，电流超过 15 mA。
（3）配有可调电位器，可调节检测光线亮度。
（4）工作电压为 3.3~5 V。
（5）输出形式：数字开关量输出（0 和 1）。
（6）设有固定螺栓孔，方便安装。
（7）小板 PCB 尺寸：32 mm×14 mm。
（8）使用宽电压 LM393 比较器。

4. 光敏电阻模块引脚使用

光敏电阻模块引脚如图 2.1.4 所示，接线为：
（1）VCC 接电源正极（3.3~5 V）。
（2）GND 接电源负极。
（3）DO 为 TTL 开关信号输出。

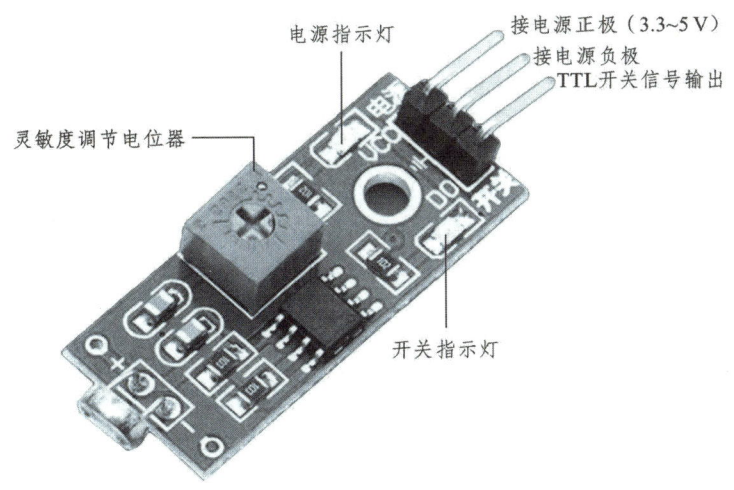

图 2.1.4　光敏电阻模块引脚示意

5. 光敏电阻模块使用说明

（1）光敏电阻模块对环境光线最敏感，一般用来检测周围环境的光线的亮度，触发单片机或继电器模块等。

（2）模块在环境光线亮度达不到设定阈值时，DO 端输出高电平，当外界环境光线亮度超过设定阈值时，DO 端输出低电平。

（3）DO 输出端可以与单片机直接相连，通过单片机来检测高低电平，由此来检测环境的光线亮度改变。

（4）DO 输出端可以直接驱动本继电器模块，由此可以组成一个光控开关。

1.3.2 光敏传感器数据采集软件设计

1. 任务目的

（1）通过实验掌握 CC2530 芯片 GPIO 的配置方法。
（2）掌握光敏和热敏传感器的使用。

2. 任务设备

（1）硬件：计算机一台、ZB2530（底板、核心板、仿真器、USB 线）一套、光敏传感器一个。
（2）软件：2000/XP/Win7 系统，IAR8.10 集成开发环境。

3. 程序设计

（1）程序界面（见图 2.1.5）。

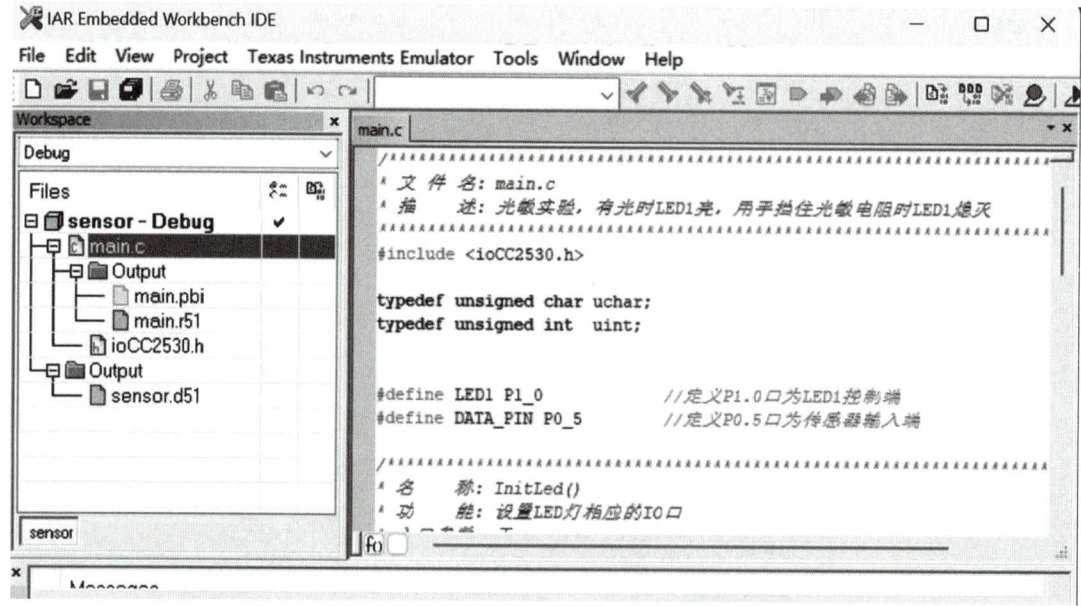

图 2.1.5 光敏传感器程序界面

（2）任务流程如图 2.1.6 所示。

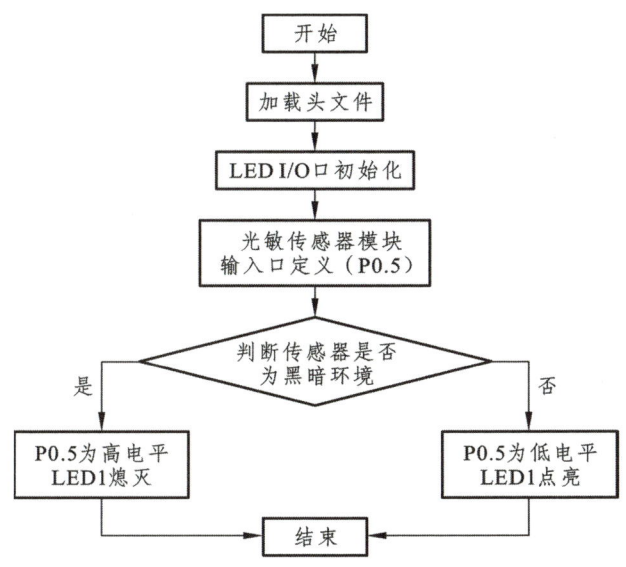

图 2.1.6　光敏传感器主程序流程

（3）主程序代码如下：

```
/*********************************************************
* 文 件 名: main.c
* 描    述: 光敏实验，有光时 LED1 亮，用手挡住光敏电阻时 LED1 熄灭
*********************************************************/
#include <ioCC2530.h>
typedef unsigned char uchar;
typedef unsigned int  uint;
#define LED1 P1_0            //定义 P1.0 口为 LED1 控制端
#define DATA_PIN P0_5        //定义 P0.5 口为传感器输入端
/*********************************************************
* 名    称: InitLed()
* 功    能: 设置 LED 灯相应的 IO 口
* 入口参数: 无
* 出口参数: 无
*********************************************************/
void InitLed(void)
{
    P1DIR |= 0x01;           //P1.0 定义为输出口
}

/*****************************************************
* 名    称: DelayMS()
* 功    能: 以毫秒为单位延时 16 M 时约为 535，系统时钟不修改默认为 16 M
* 入口参数: msec 延时参数，值越大，延时越久
* 出口参数: 无
*****************************************************/
```

```
void DelayMS(uint msec)
{       uint i,j;
        for (i=0; i<msec; i++)
        for (j=0; j<535; j++);
}
void main(void)
{
    P0DIR &= ~0x20;          //P0.5 定义为输入口
    InitLed();               //设置 LED 灯相应的 IO 口
    while(1)                 //死循环
    {
        if(DATA_PIN == 1)    //当光敏电阻处于黑暗中时 P0.5 高电平,LED1 熄灭
        {
            LED1 = 1;
            DelayMS(1000);
        }
        else
        {
            LED1 =   0;      //检测到光线时 P0.5 为低电平,LED1 亮
            DelayMS(1000);
        }
    }
}
```

（4）程序下载（见图 2.1.7）

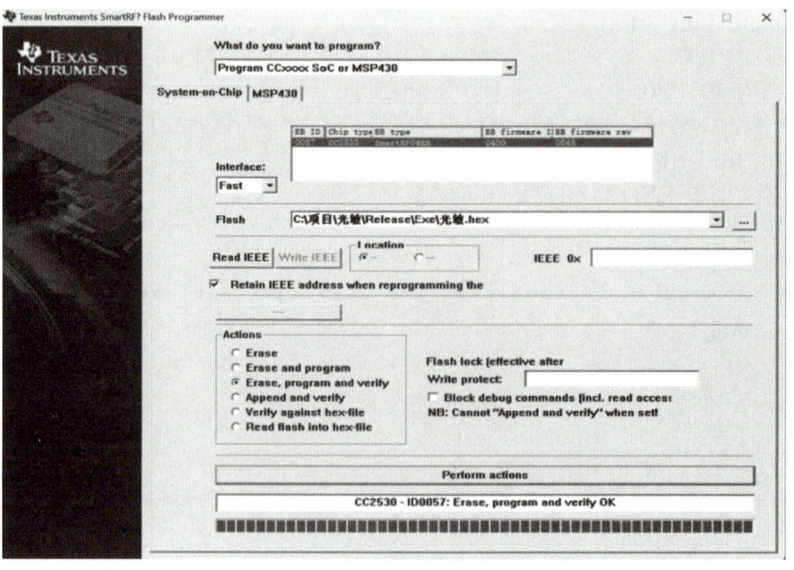

图 2.1.7　光敏传感器程序下载

（5）程序结果及现象：

有光时 LED1 亮，用手挡住光敏电阻时 LED1 熄灭。

项目二　温湿度传感器数据采集与应用

【项目导入】

DHT11 温湿度传感器是一种数字型温湿度传感器，广泛应用于各种测量和监控系统中。以下是 DHT11 温湿度传感器的几个主要应用领域：

（1）家庭与办公环境：DHT11 适用于家庭、办公室等室内环境的温湿度监测。通过实时监测室内温湿度变化，可以帮助维持舒适的生活和工作环境，并及时采取调节措施，如开启空调、加湿器等。

（2）实验室：在科研实验室中，精确的温湿度控制对于实验结果的准确性至关重要。DHT11 传感器能够提供稳定的温湿度数据，满足实验室的监测需求。

（3）气象站和气象监测：DHT11 可用于构建小型气象站，以监测当地的温度和湿度。这对于农业、气象学研究以及天气预报等方面都非常重要。通过收集和分析这些数据，可以更好地理解当地的气候变化，为农业生产、城市规划等提供科学依据。

（4）温湿度控制系统：在温室、温室大棚和养殖场等环境中，使用 DHT11 传感器可以实现温湿度的自动控制。通过与其他设备和执行器配合使用，可以调整温湿度水平，提供适宜的环境条件，促进植物的生长和动物的健康。

（5）物联网（IoT）项目：DHT11 是许多物联网项目中常用的传感器之一。通过将其与无线通信模块（如 Wi-Fi 或蓝牙）结合，可以实现远程对温湿度数据的监测和控制。这对于智能家居、智慧城市等物联网应用场景具有重要意义。

（6）仓储和运输监控：在仓库、冷链物流等场景中，使用 DHT11 传感器可以实时监测货物存储和运输过程中的温湿度变化。这对于保证货物质量和安全非常重要，特别是在对温湿度敏感的货物（如食品、药品等）的存储和运输过程中。

（7）其他应用领域：DHT11 传感器还可用于工业自动化、环境监测、农业灌溉等多个领域，为各种应用场景提供稳定可靠的温湿度数据支持。

知识目标

（1）了解温湿度传感器的基本原理和技术。
（2）了解温湿度传感器的工作方式。
（3）了解温湿度传感器的通信过程。

（4）了解温湿度传感器的分类和应用。
（5）熟悉温湿度传感器模块引脚及连接方式。

能力目标

（1）具备传感器数据采集系统需求分析能力。
（2）能熟练对各类温湿度传感器进行选型。
（3）掌握 CC2530 芯片 GPIO 的配置方法。
（4）掌握温湿度传感器的数据采集与处理技术。
（5）掌握温湿度传感器 DHT11 的使用。
（6）能熟练使用 C 语言进行编程和开发。
（7）能够阅读和理解相关技术文档，记录实验结果，并撰写技术报告。

素质目标

（1）培养勤于思考、做事认真的良好作风。
（2）培养的社会责任心和环保意识。

2.1　项目导学　温湿度传感器模块

DHT11 是一款性能稳定的数字温湿度传感器，特别适合需要长时间运行和精确测量的场景，如图 2.2.1 所示。

图 2.2.1　温湿度传感器模块

DHT11 温湿度传感器具备以下特点：

（1）校准与稳定性：它集成了经过精确校准的数字信号输出，保证了长期的稳定性和可靠性。

（2）构造与技术：内部包含一个电阻式湿度感应元件和一个负温度系数（NTC）温度测量元件，这些元件都连接到一个高性能的 8 位单片机上。

（3）通信接口：采用单线制串行接口，便于系统集成，且通信距离可达 20 m，这使得 DHT11 成为多种应用场合的理想选择。

（4）数据格式：在数据传输时，DHT11 会以 40 位的数据帧形式发送信息，包括 8 位的湿度整数数据、湿度小数数据、温度整数数据、温度小数数据以及 8 位的校验和。

此外，DHT11 通常用于需要检测环境温湿度的电子设备中，如暖通空调系统、气象站、家用电器等。它的低能耗特性使其适用于电池供电或节能要求较高的应用场合。

2.2 项目知识

2.2.1 DHT11 温湿度传感器的原理

DHT11 温湿度传感器的工作原理是通过其内置的电阻式湿度感应元件和负温度系数（NTC）温度测量元件来检测环境的相对湿度和温度。这些测量元件与一个高性能单片机相连，该单片机负责处理和转换检测到的信号，并通过单线制串行接口输出数字化的温湿度数据。

DHT11 的工作流程包括以下几个步骤：

（1）信号检测：电阻式湿度感应元件的电阻值会随着环境湿度的变化而改变，而 NTC 温度测量元件的电阻值则随温度变化而变化。

（2）信号转换：这些电阻值的变化会被 DHT11 内部的 8 位单片机捕捉，并转换为数字信号。

（3）数据处理：单片机会对这些数字信号进行进一步的处理，包括调用校准系数来确保数据的精确性。

（4）数据传输：处理后的数据通过单线制串行接口输出，其通信协议简单，便于与其他电子设备或系统进行集成。

2.2.2 工作方式

DATA 用于微处理器与 DHT11 之间的通信和同步，采用单总线数据格式，一次通信时间约 4 ms。数据分小数部分和整数部分，小数部分用于以后扩展，现读出为 0。操作流程如下：

（1）一次完整的数据传输为 40 b，高位先出。

（2）数据格式：8 b 湿度整数数据+8 b 湿度小数数据+8 b 温度整数数据+8 b 温度小数数据+8 b 校验和。

（3）数据传送正确时，校验和数据为"8 b 湿度整数数据+8 b 湿度小数数据+8 b 温度整数数据+8 b 温度小数数据"所得结果的末 8 位。

2.2.3 通信过程

（1）用户 MCU 发送一次开始信号后，DHT11 从低功耗模式转换到高速模式，等待主机开始信号结束后，DHT11 发送响应信号，送出 40 b 的数据，并触发一次信号采集，用户可选择读取部分数据。该模式下，DHT11 接收到开始信号触发一次温湿度采集，如果没有接收到主机发送开始信号，DHT11 不会主动进行温湿度采集。采集数据后转换到低速模式，如图 2.2.2 所示。

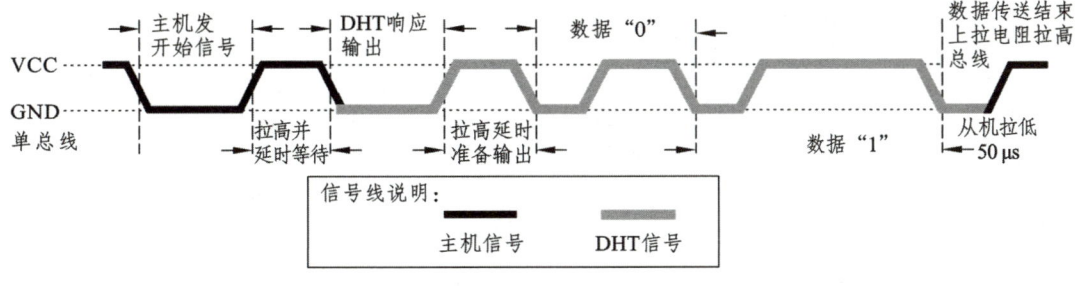

图 2.2.2 通信过程

（2）总线空闲状态为高电平，主机把总线拉低等待 DHT11 响应，主机把总线拉低必须大于

18 ms，保证 DHT11 能检测到起始信号。DHT11 接收到主机的开始信号后，等待主机开始信号结束，然后发送 80 μs 低电平响应信号。主机发送开始信号结束后，延时等待 20～40 μs 后，读取 DHT11 的响应信号，主机发送开始信号后，可以切换到输入模式，或者输出高电平均可，总线由上拉电阻拉高。

（3）如图 2.2.3 所示，总线为低电平，说明 DHT11 发送响应信号，DHT11 发送响应信号后，再把总线拉高 80 μs，准备发送数据。

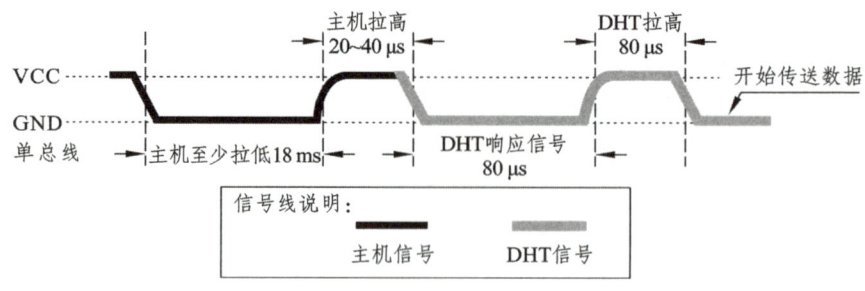

图 2.2.3　信号电平

（4）如图 2.2.4、图 2.2.5 所示每 1 b 数据都以 50 μs 低电平时隙开始，高电平的长短定了数据位是 0 还是 1。如果读取响应信号为高电平，则 DHT11 没有响应，请检查线路是否连接正常。当最后 1 b 数据传送完毕后，DHT11 拉低总线 50 μs，随后总线由上拉电阻拉高进入空闲状态。

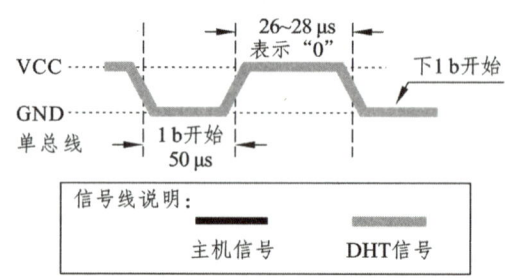

图 2.2.4　数字 0 信号表示方法

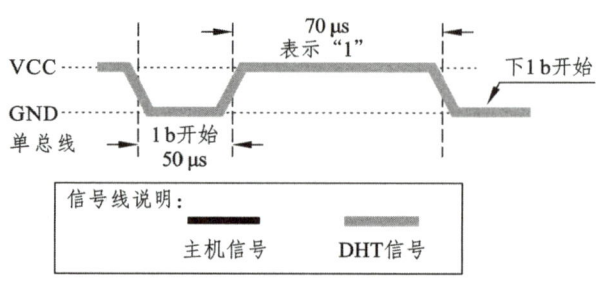

图 2.2.5　数字 1 信号表示方法

数字 0 信号与数字 1 信号的不同之处在于高电平的时间不同，利用这点，我们可以通过设置电平时间阈值来判断信号的种类。

2.2.4 测量分辨率与电气特性

测量分辨率分别为 8 b（温度）、8 b（湿度）。VDD =5 V，T = 25 ℃，除非特殊标注。电气参数如表 2.2.1 所示。

表 2.2.1 电气参数表

参数	条件	min	type	max	单位
供电	DC	3	5	5.5	V
供电电流	测量	0.5		2.5	mA
	平均	0.2		1	mA
	待机	100		150	μA
采样周期	秒	2			次

注：新版厂家升级，采样周期为 2 s，老版为 1 s。

2.2.5 使用注意事项

1. 工作与贮存条件

超出建议的工作范围可能导致高达 3%RH 的临时性漂移信号。返回正常工作条件后，传感器会缓慢地向校准状态恢复。在非正常工作条件下，长时间使用会加速产品的老化过程。

2. 暴露在化学物质中

电阻式湿度传感器的感应层会受到化学蒸汽的干扰，化学物质在感应层中的扩散可能导致测量值漂移和灵敏度下降。在一个纯净的环境中，污染物质会缓慢地释放出去。下面所述的恢复处理将加速实现这一过程。高浓度的化学污染会导致传感器感应层的彻底损坏。

3. 恢复处理

置于极限工作条件下或化学蒸汽中的传感器，通过如下处理程序，可使其恢复到校准时的状态：在 50~60 ℃ 和<10%RH 的湿度条件下保持 2 h（烘干）；随后在 20~30 ℃ 和>70%RH 的温湿度条件下保持 5 h 以上。

4. 温度影响

气体的相对湿度在很大程度上依赖于温度。因此在测量湿度时，应尽可能保证湿度传感器在同一温度下工作。如果与释放热量的电子元件共用一个印刷线路板，在安装时应尽可能将 DHT11 远离电子元件，并安装在热源下方，同时保持外壳的良好通风。为降低热传导，DHT11 与印刷电路板其他部分的铜镀层应尽可能最小，并在两者之间留出一道缝隙。

5. 光线

长时间暴露在太阳光下或强烈的紫外线辐射中，会使传感器的性能降低。

6. 配线注意事项

DATA 信号线材质量会影响通信距离和通信质量，推荐使用高质量屏蔽线。

2.3　项目实训　温湿度传感器数据采集软硬件设计

本项目针对开发板预留 I/O 口进行硬件设计连接，重点讲解 DHT11 模块。

2.3.1　DHT11 数据采集硬件设计

1. DHT11 温湿度传感器原理图（见图 2.2.6）

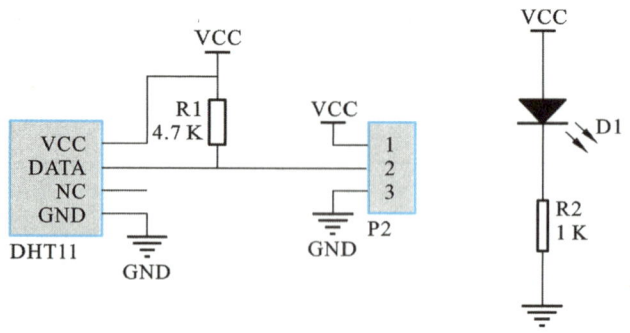

图 2.2.6　温湿度传感器原理图

DHT11 温湿度传感器与 CC2530 连接如图 2.2.7 所示。建议连接线长度短于 20 m 时用 5 kΩ 上拉电阻，大于 20 m 时根据实际情况使用合适的上拉电阻。

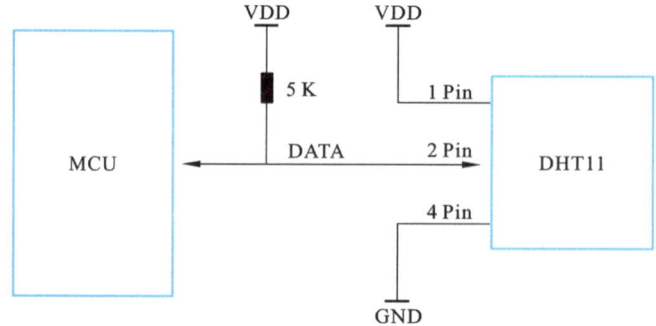

图 2.2.7　温湿度传感器与 CC2530 连接图

2. 引脚说明（见表 2.2.2）

DHT11 的供电电压为 DC 3～5.5 V。传感器上电后，要等待 1 s 以越过不稳定状态，在此期间无须发送任何指令。电源引脚（VDD、GND）之间可增加一个 100 nF 的电容，用以去耦滤波。

表 2.2.2　温湿度传感器引脚说明

Pin	名　称	注　释
1	VDD	供电 DC 3~5.5 V
2	DATA	串行数据，单总线
3	NC	空脚，请悬空
4	GND	接地，电源负极

3. 封装信息（见图 2.2.8、图 2.2.9）

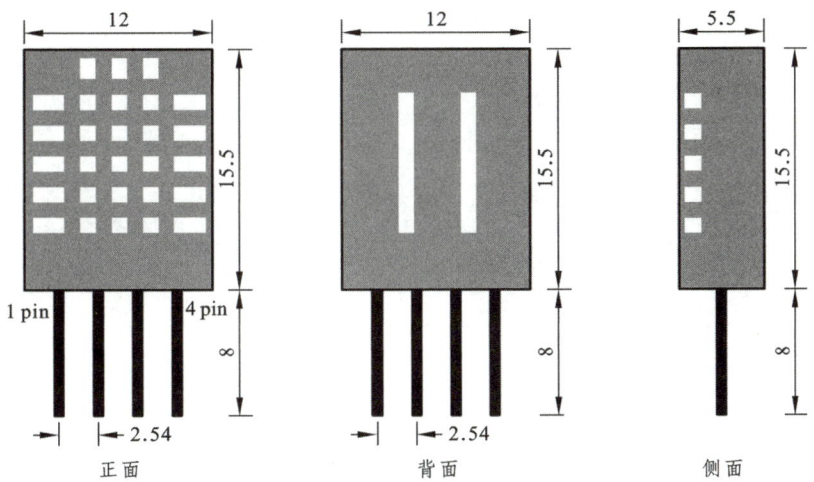

图 2.2.8　温湿度传感器封装（单位：mm）

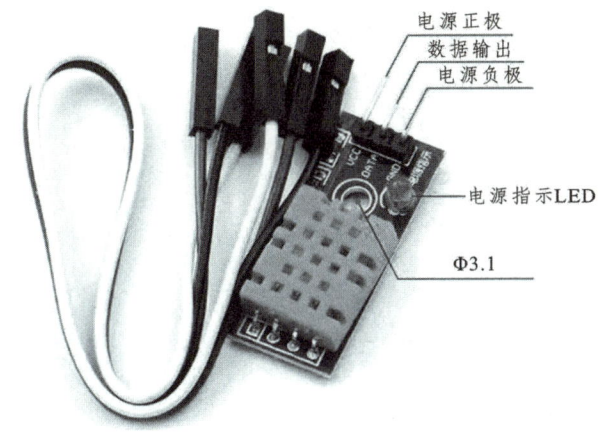

图 2.2.9　温湿度传感器实物引脚说明

2.3.2　DHT11 数据采集软件设计

1. 任务目的

（1）通过实验掌握 CC2530 芯片 GPIO 的配置方法。
（2）掌握温湿度传感器 DHT11 的使用。

2. 任务设备

（1）硬件：计算机一台、ZB2530（底板、核心板、仿真器、USB 线）一套、DHT11 一个。
（2）软件：2000/XP/Win7 系统，IAR8.10 集成开发环境、串口助手。

3. 程序设计

明确硬件接线情况：3V3 接模块的 VCC，GND 接模块的 GND，P07 接模块数据输出脚。DHT11 数字温湿度传感器数据采集用到了串口和输出端口（P0.7）。

程序采用模块化编程思想,仅需调用温度读取函数,移植到其他平台也非常容易。下面重点讲解 P0_7 的配置和 DHT11 使用 P0_7 的方法。

程序由主程序 Main.c、DHT11.c、UART.c 三部分程序组成。主程序将采集到的温湿度通过串口发送到串口调试助手上显示。

(1)程序界面(见图 2.2.10)。

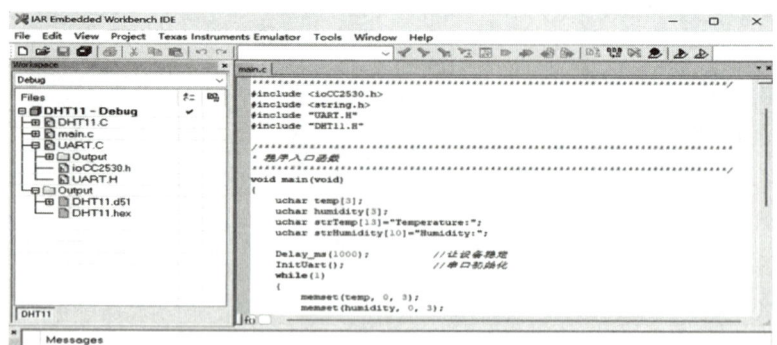

图 2.2.10　温湿度传感器程序界面

(2)温湿度传感器主程序流程如图 2.2.11 所示。

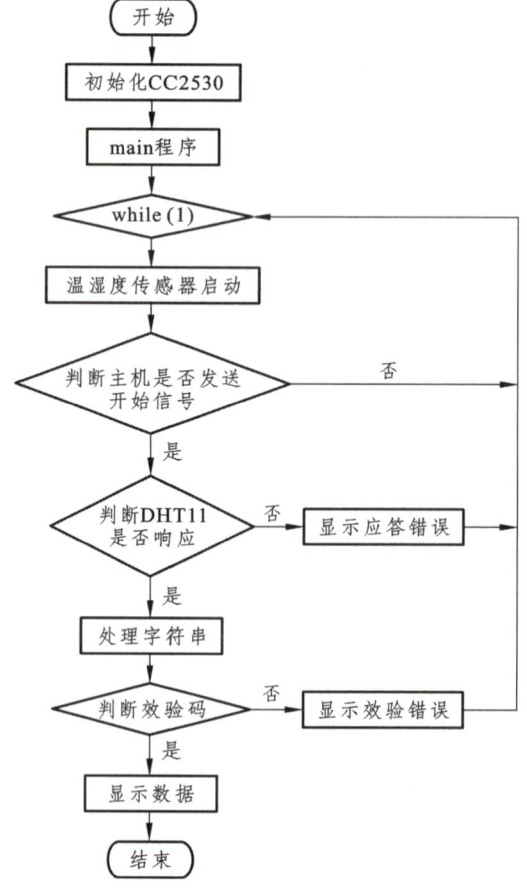

图 2.2.11　温湿度传感器主程序流程

（3）将采集到的温湿度通过串口发送到串口调试助手上显示程序段。

```c
/***********************************************
* 文 件 名: main.c
* 描    述: 将采集到的温湿度通过串口发送到串口调试助手上显示 9600 8N1
***********************************************/
#include <ioCC2530.h>
#include <dht11.h>
#include <stdio.h>
#include <string.h>
#define TX P0_3
#define RX P0_2
char rx_data = 0;
unsigned char status=0,d=0,d1=0,d2=0,d3=0,d4=0,d5;
void usart_int(void)
{
    PERCFG=0x00;
    P0SEL |=0X0C;
    P2DIR &= ~0XC0;
    U0CSR |=0X80;    //选择 uart 模式
    U0GCR |= 11;
    U0BAUD |= 216;

    UTX0IF |= 0;
}

__near_func int putchar(int c)//printf 输出重定向
{
    UTX0IF = 0;
    U0DBUF = (char)c;
    while(UTX0IF == 0);
    UTX0IF = 0;
    return(c);
}

void main(void)
{
    CLKCONCMD &=~0X47;//32 kHz 系统时钟
```

```
        usart_int();
        while(1)
        {
            status =   DHT11_Start();
            if(status == DHT_OK )
            {
                status = DHT11_ACK();
                if(status == DHT_OK)
                {
                    d1=DHT11_ReadByte();
                    d2=DHT11_ReadByte();
                    d3=DHT11_ReadByte();
                    d4=DHT11_ReadByte();
                    d5=DHT11_ReadByte();
                    d=d1+d2+d3+d4;
                    if(d == d5)
                    {
                        printf("湿度:%d.%d%%RH\r\n",d1,d2);
                        printf("温度:%d.%dC\r\n",d3,d4);
                    }
                    else
                    {
                        printf("校验错误");
                    }
                }
                else
                {
                    printf("应答错误");
                }
            }
            else
            {
                printf("开始错误");
            }
            delay_ms(1000);
        }
    }
```

（4）温湿传感器数据读取 DHT11.h 文件。

```
/*********************************************
* 文 件 名: DHT11.h
* 描    述: 温湿传感器数据读取
*********************************************/
#ifndef DHT11_H
#define DHT11_H

#include <ioCC2530.h>
#define    DHT_OK      20
#define    DHT_ERR     21

void delay_us(int n);
void delay_ms(int n);
unsigned char DHT11_Start(void);
unsigned char DHT11_ACK(void);
unsigned char DHT11_ReadByte(void);

#endif
```

（5）温湿传感器数据读取 DHT11.c 程序流程如图 2.2.12 所示。

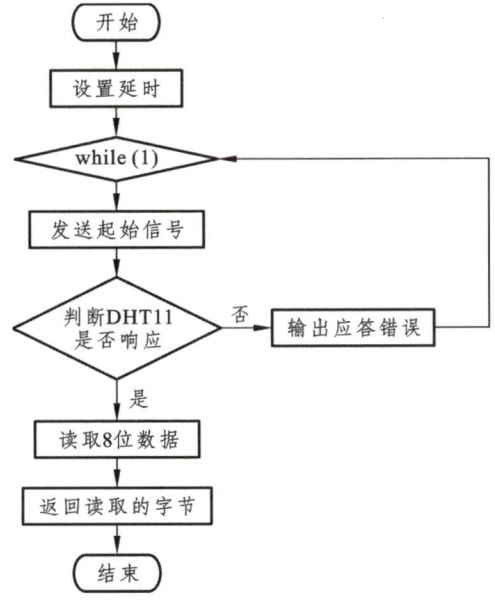

图 2.2.12　温湿度传感器 DH11.c 程序流程

（6）温湿传感器数据读取 DHT11.c 程序。

```c
/***********************************************
* 文  件  名：DHT11.c
* 描      述：温湿传感器数据读取
***********************************************/
#include <dht11.h>
#define DAT P0_6
/************************
         延时函数
************************/
void delay_us(int n)
{
    while(n--)
    {
        asm("nop"); asm("nop"); asm("nop");
    }
}

void delay_ms(int n)
{
    int i;
    for(i=0;i<n;i++)
    {
        delay_us(1000);
    }
}
/*********************    温湿度传感    *********************/
unsigned char DHT11_Start(void)
{
    unsigned char t;
    P0DIR |= 0x40;
    DAT = 0;
    delay_ms(20);
    DAT = 1;
    P0DIR &= ~0x40;
    t = 5;
    while(DAT == 1 && t)
    {
        delay_us(10);
        t--;
    }
    if(t!=0)
```

```
        {
            return DHT_OK;
        }
        else
        {
            return DHT_ERR;
        }
    }

unsigned char DHT11_ACK(void)
{
    unsigned char t;
    t=9;
    P0DIR &= ~0x40;
    while(DAT ==0 && t)
    {
        delay_us(10);
        t--;
    }
    if(t!=0)
    {
        t=9;
        while(DAT ==1 &&   t)
        {
            delay_us(10);
            t--;
        }
        if(t!=0)
        {
            return DHT_OK;
        }
        else
        {
            return DHT_ERR;
        }
    }
    else
    {
        return DHT_ERR;
    }
}

unsigned char DHT11_ReadByte(void)
```

```
{
    unsigned char i,uchartemp=0,dat=0x00;
      for(i=0;i<8;i++)
      {
        while(!DAT);
        delay_us(40);
        uchartemp=0;
        if(DAT)
        {
           uchartemp=1;
           while(DAT);
        }
        dat<<=1;
        dat|=uchartemp;
      }
      return dat;
 }
```

4. 程序下载（见图 2.2.13）

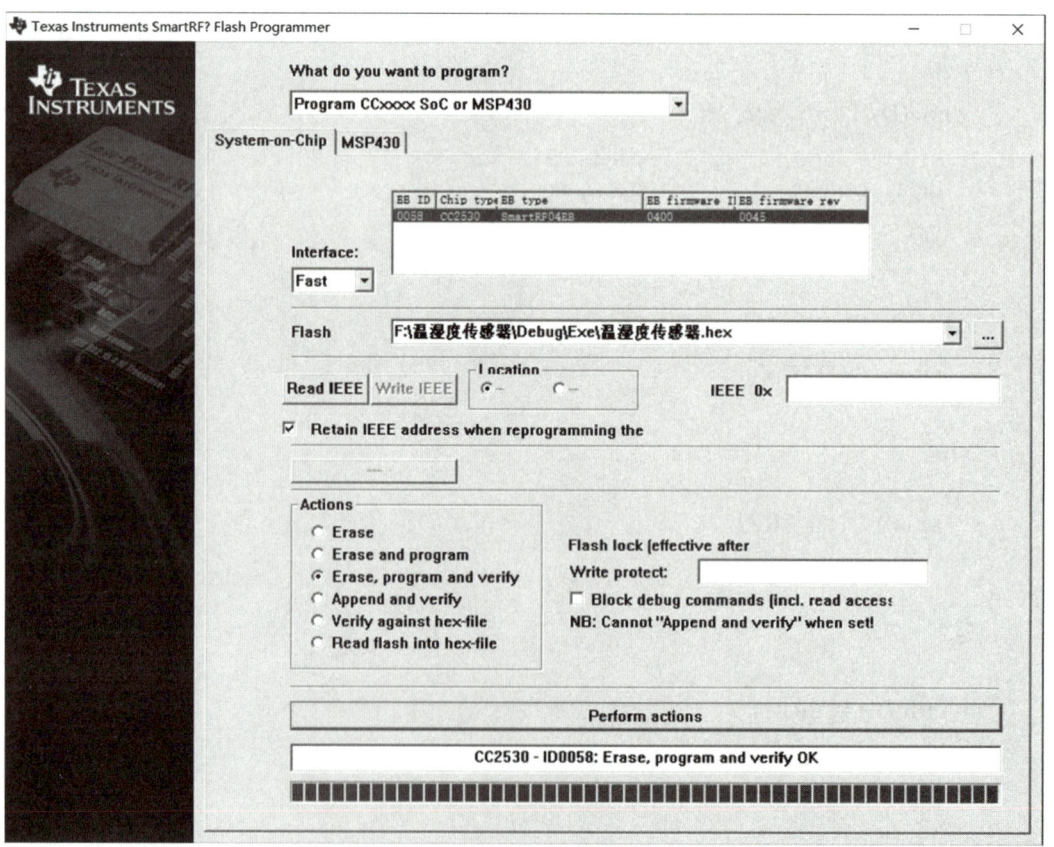

图 2.2.13　程序下载界面

5. 数据验证（见图 2.2.14）

图 2.2.14　温湿度传感器数据验证

注意：手摸温度传感器（左边）时可以改变温度数据；对湿度传感器（右边）哈气时可以改变湿度数据。

项目三　人体红外传感器数据采集与应用

【项目导入】

人体红外传感器是一种能够检测人体释放的红外线的设备,广泛应用于自动控制、安防监控等领域。以下是一些人体红外传感器的主要应用领域:

(1)自动控制:人体红外传感器常用于实现室内照明、温度调节等自动控制。例如,当有人进入房间时,传感器可以自动打开灯光或调节空调温度。它们也被用于门禁系统和智能家居中,通过检测人体的存在和活动来控制设备的开关,从而提高生活的便利性。

(2)安防监控:在安全监控系统中,人体红外传感器可以检测到人体的进入或活动,并触发报警或视频监控功能,增强安全防护。它们还被应用于入侵报警系统和智能门禁系统,通过感应人体红外辐射来防范未授权人的入侵。

(3)医疗保健:结合人工智能技术,人体红外传感器可以用于开发便携式健康监测设备,实时监测体温、心率等生理指标,帮助人们更好地管理健康。

(4)智能交通:在智能交通领域,人体红外传感器可以与智能车辆结合,实现人车交互的智能化,提高交通的安全和效率。

(5)家居自动化:在智能家居系统中,人体红外传感器可以与其他智能设备如智能语音助手结合,实现更智能的语音交互和家居控制。

(6)工业和商业:在工业自动化和商业设施管理中,人体红外传感器可以用于监控人员流动,优化资源配置和提高能效。

人体红外传感器的应用非常广泛。随着技术的发展,其在各个领域的作用将会更加突出,并为人们的生活带来更多便利和安全保障。

知识目标

(1)了解人体红外传感器的基本原理。
(2)熟悉人体红外传感器 HC-SR501 的组成部分及工作方式。
(3)理解人体红外传感器 HC-SR501 的主要性能参数。
(4)熟悉人体红外传感器在不同应用场景中的选择标准和设计思路。

能力目标

（1）掌握 CC2530 芯片 GPIO 的配置方法。
（2）掌握 HC-SR501 红外传感器的使用技术。
（3）掌握人体红外传感器的安装、调试和维护方法。
（4）能够搭建人体红外传感器系统，并进行数据采集。
（5）能对采集到的数据进行分析和处理。
（6）能够熟练运用 C 语言编写软件代码。

素质目标

（1）了解相关产业文化，并遵守职业道德准则和行为规范。
（2）培养社会责任感和担当精神。

3.1 项目导学 人体红外传感器模块

人体红外传感器模块是一种专门用于检测人体热量释放的红外辐射的设备，能够探测到人体或动物发出的特定波长（约 10 μm）的红外线。为了提高对人体红外辐射的敏感性并减少环境的干扰，传感器通常会配备特殊的菲涅耳滤光片。当有人进入传感器的感应范围时，传感器会检测到红外辐射的变化，并输出相应的信号。

以 HC-SR501 为例，其工作电压范围为 DC 5～20 V，电平输出高为 3.3 V、低为 0 V；延时时间可调，为 0.3～18 s；感应范围通常在 7 m 以内，形成的锥角小于 120°。此外，模块还具有封锁时间和触发方式的调节功能。

人体红外传感器模块特别适用于检测人体的运动，如自动门控系统、安防报警系统等。它们对特定温度范围内的物体运动非常敏感，因此可以准确地检测到人体的存在。

3.2 项目知识

3.2.1 HC-SR501 传感器简介

HC-SR501 人体红外传感器模块如图 2.3.1 所示，其电路结构主要由 4 部分组成：热点感测器、菲涅耳透镜、电位器和输出引脚。

HC-SR501 是基于红外线技术的自动控制模块，采用 LHI778 探头设计，灵敏度高，可靠性强，具备超低电压工作模式，广泛应用于各类自动感应电器设备，尤其是干电池供电的自动控制产品。

图 2.3.1 HC-SR501 人体感应模块实物

HC-SR501 人体感应模块使用说明：

（1）感应模块通电后有 1 min 左右的初始化时间，在此期间模块会间隔地输出 0～3 次，

1 min 后进入待机状态。

（2）避免灯光等干扰源近距离直射模块表面的透镜，以免引进干扰信号产生误动作；尽量避免流动的风，风也会对感应器造成干扰。

（3）感应模块采用双元探头，探头的窗口为长方形，双元（A元、B元）位于较长方向的两端。当人体从左到右或从右到左走过时，红外光谱到达双元的时间、距离有差值，差值越大，感应越灵敏；当人体从正面走向探头或从上到下、从下到上方向走过时，双元检测不到红外光谱距离的变化，无差值，因此感应不灵敏或不工作。所以安装感应器时应使探头双元的方向与人体活动最多的方向尽量相平行，保证人体经过时先后被双元探头所感应。

为了增加感应角度范围，本模块采用圆形透镜，使得探头四面都感应，但左右两侧仍然比上下两个方向感应范围大、灵敏度强，安装时仍须尽量满足以上要求。

3.2.2　HC-SR501 传感器的原理

HC-SR501 是基于红外线技术的自动控制模块，其核心功能是检测人体发出的红外辐射从而触发相应的动作，如图 2.3.2 所示。

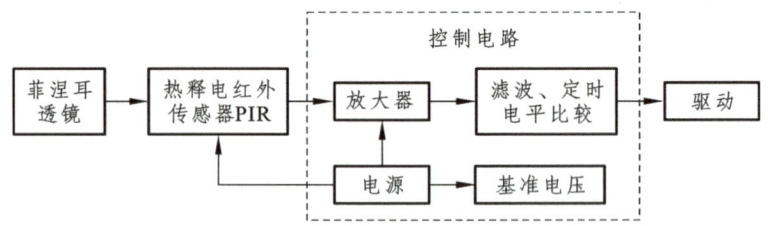

图 2.3.2　HC-SR501 人体感应模块功能

HC-SR501 的工作原理主要包括以下几个方面：

（1）感应红外辐射：人体红外传感器能够探测到人体发出的红外辐射。人体的正常体温会释放一定波长的红外线，而 HC-SR501 就是通过其内部的热释电红外传感器来检测这种辐射。

（2）菲涅耳透镜：为了提高检测的灵敏度和准确性，HC-SR501 通常配备有菲涅耳透镜。这种透镜能够增强来自特定方向的红外辐射，同时减少其他方向的干扰，从而提高了模块的感应方向性和距离。

（3）信号处理：当传感器检测到红外辐射时，它会产生一个电信号。这个信号经过内部电路 BISS0001 的处理后，会在输出端产生一个高电平信号。

（4）延时功能：HC-SR501 还具有延时功能，这意味着当传感器检测到人体红外辐射后，输出的高电平信号会保持一段时间，而不是立即消失。这可以防止因人体移动而产生的快速开关动作。

3.2.3　BISS0001 信号处理电路

BISS0001 是一款具有较高性能的传感信号处理集成电路，它是以热释电红外传感器和少量外接元器件构成的被动式热释电红外开关。它能自动快速开启各类白炽灯、荧光灯、蜂鸣器、自动门、电风扇、烘干机和自动洗手池等装置，特别适用于企业、宾馆、商城、商场、库房及家庭的过道、走廊等敏感区域，或用于安全区域的自动灯光、照明和报警系统，如图 2.3.3 所示。

BISS0001 芯片特点为：
（1）CMOS 数据混合。
（2）具有独立的高输入阻抗运算放大器，可与多种传感器匹配，进行信号预处理。
（3）具有双向鉴幅器，可有效抑制干扰。
（4）内设延退时间定时器和封锁时间定时器，稳定可靠，调节范围宽。
（5）内置参考电源。
（6）工作电压范围宽，为 3~5 V。
（7）采用 16 脚 DIP 及 SOP 封装。

图 2.3.3　BISS0001 芯片

3.2.4　HC-SR501 传感器的功能特点

1. 优点

（1）全自动感应：人进入其感应范围则输出高电平，人离开感应范围则自动延时关闭高电平，输出低电平。
（2）光敏控制（可选择，出厂时未设）：可设置光敏控制，白天或光线强时不感应。
（3）温度补偿（可选择，出厂时未设）：在夏天当环境温度升高至 30~32 ℃，探测距离稍变短，温度补偿可作一定的性能补偿。
（4）具有两种触发方式（可跳线选择）。
不可重复触发方式：感应输出高电平后，延时时间段一结束，输出将自动从高电平变成低电平。
可重复触发方式：感应输出高电平后，在延时时间段内，如果有人体在其感应范围活动，其输出将一直保持高电平，直到人离开后才延时将高电平变为低电平。
（5）具有感应封锁时间（默认设置：2.5 s 封锁时间）。感应模块在每一次感应输出后（高电平变成低电平），可以紧跟着设置一个封锁时间段，在此时间段内感应器不接收任何感应信号。此功能可以实现"感应输出时间"和"封锁时间"两者的间隔工作，可应用于间隔探测产品；同时此功能可有效抑制负载切换过程中产生的各种干扰。（此时间可设置在零点几秒到几十秒）。
（6）工作电压范围宽，默认工作电压为 DC 4.5~20 V。
（7）微功耗，静态电流<50 μA。
（8）输出高电平信号，可方便与各类电路实现对接。

2. 缺点

（1）容易受各种热源、光源干扰。
（2）被动红外穿透力差，人体的红外辐射容易被遮挡，不易被探头接收。
（3）易受射频辐射的干扰，环境温度和人体温度接近时，探测和灵敏度明显下降，有时造成短时失灵。

3.2.5　HC-SR501 传感器电气参数

HC-SR501 传感器电器参数见表 2.3.1 所列。

表 2.3.1　HC-SR501 传感器电器参数

产品型号	HC-SR501 人体感应模块
工作电压范围	直流电压 4.5~20 V
静态电流	<50 μA
电平输出	高 3.3 V/低 0 V
触发方式	L 为不可重复触发、H 为重复触发
延时时间	0.5~200 s（可调），可制作范围零点几秒到几千分钟
封锁时间	2.5 s（默认）可制作范围零点几秒到几十秒
电路板外形尺寸	32 mm×24 mm
感应角度	<100°锥角
工作温度	−15~70 ºC
感应透镜尺寸	直径：23 mm（默认）

HC-SR501 电路如图 2.3.4 所示。

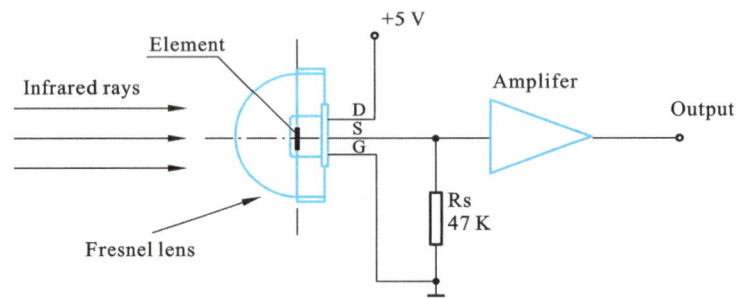

图 2.3.4　HC-SR501 电路示意

3.2.6　HC-SR501 传感器感应范围

HC-SR501 传感器感应范围<100°锥角，如图 2.3.5 所示。

图 2.3.5　HC-SR501 传感器接收范围

角度：感应角度约 100°的锥角范围，在这个扇形角度区域内能够检测人体活动。

距离：感应距离一般在 5～7°m，在此范围内有人体进入或活动时，传感器可检测到并触发相应动作，如输出电平变化等。

方向：主要对横向移动的人体较为敏感，在感应角度范围内，人体从一侧向另一侧移动时更容易被检测到。

高度：为确保传感器前方无遮挡物，使其能充分接收人体发出的红外信号，安装高度一般在 1.5～2°m 较为合适，这个高度能较好覆盖人体活动区域，且干扰较小。

3.3 项目实训 人体红外传感器数据采集软硬件设计

3.3.1 HC-SR501 数据采集硬件设计

1. HC-SR501 人体红外传感器模块（见图2.3.6）

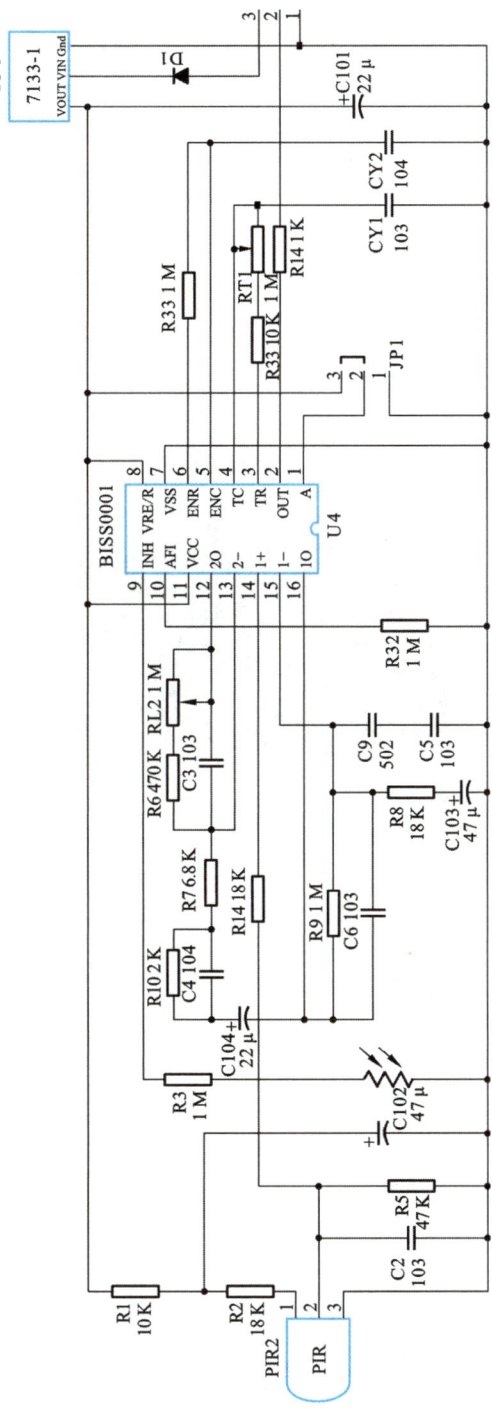

图 2.3.6 HC-SR501 传感器原理图

2. 模块原理（见图 2.3.7）

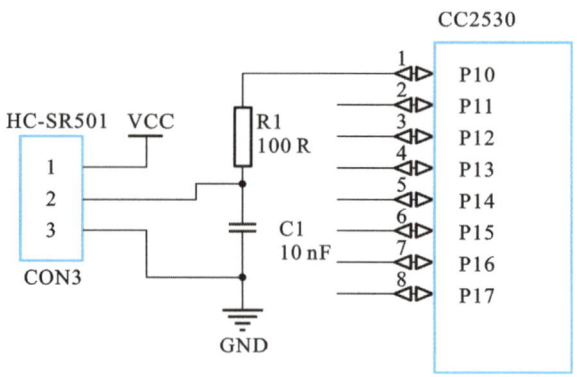

图 2.3.7　HC-SR501 传感器模块连接图

3. HC-SR501 引脚使用（见图 2.3.8）

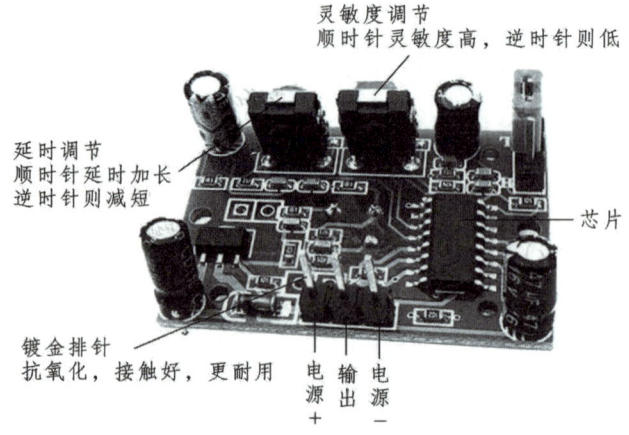

图 2.3.8　HC-SR501 传感器模块标识图

HC-SR501 引脚接线方式（开发板接到对应端子上）为：

（1）VCC 接电源正极（5 V）。

（2）OUT 接检测引脚。

（3）GND 接电源负极。

3.3.2　HC-SR501 数据采集软件设计

1. 任务目的

（1）通过实验掌握 CC2530 芯片 GPIO 的配置方法。

（2）掌握 HC-SR501 红外传感器的使用。

2. 任务设备

（1）硬件：计算机一台、ZB2530（底板、核心板、仿真器、USB 线）一套、热释电红外传感器一个。

（2）软件：2000/XP/Win7 系统，IAR8.10 集成开发环境、串口助手。

3. 程序设计

（1）HC-SR501 程序界面如图 2.3.9 所示。

（2）HC-SR501 程序流程如图 2.3.10 所示。

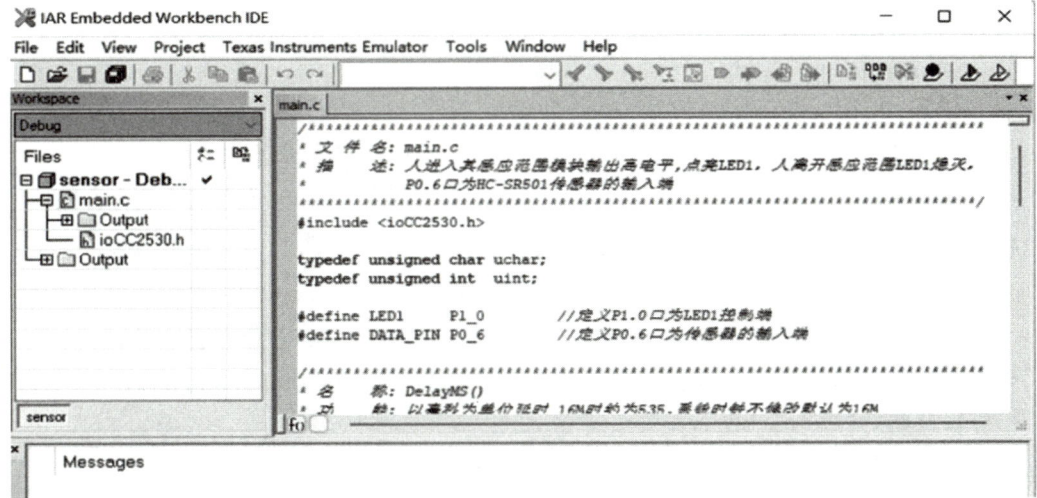

图 2.3.9　HC-SR501 传感器程序界面

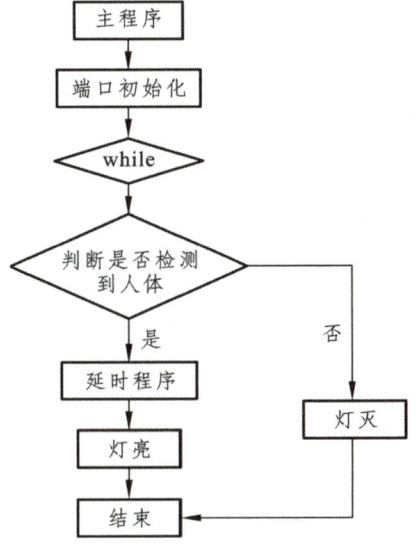

图 2.3.10　HC-SR501 传感器主程序流程

（3）程序代码如下：

```c
/******************************************************************
 * 文 件 名: main.c
 * 描    述: 人进入其感应范围模块输出高电平,点亮LED1,人离开感应范围LED1熄灭
 *           P0.6口为HC-SR501传感器的输入端
 ******************************************************************/
#include <ioCC2530.h>

typedef unsigned char uchar;
typedef unsigned int  uint;

#define LED1       P1_0          //定义P1.0口为LED1控制端
#define DATA_PIN P0_6            //定义P0.6口为传感器的输入端
/******************************************************************
 * 名    称: DelayMS()
 * 功    能: 以毫秒为单位延时 16 M 时约为535,系统时钟不修改默认为16 M
 * 入口参数: msec 延时参数,值越大,延时越久 t=1/16 000 000=0.000 6 ms
 * 出口参数: 无
 ******************************************************************/
void DelayMS(uint xx)
{
    uint i,j;

    for (i=0; i<xx; i++)
        for (j=0; j<535; j++);
}

/******************************************************************
 * 名    称: InitGpio()
 * 功    能: 设置LED灯和P0.4相应的IO口
 * 入口参数: 无
 * 出口参数: 无
 ******************************************************************/
void InitLed(void)
{
    P1DIR |= 0x01;             //P1.0定义为输出口
    P0SEL = 0x00;
```

```
    P0DIR &= ~0x40;              //P0.6 定义为输入口
    P2INP |= 0x20;
}

void main(void)
{
    InitLed();                   //设置 LED 灯和 P0.6 相应的 IO 口

    while(1)                     //无限循环
    {
        if(DATA_PIN == 1)
        {
            DelayMS(10);
            if(DATA_PIN == 1)
            {
                LED1 = 0;        //有人时 LED1 亮
            }
        }
        else
            LED1=1;              //无人时 LED1 熄灭
    }
}
```

4. 程序下载界面（见图 2.3.11）

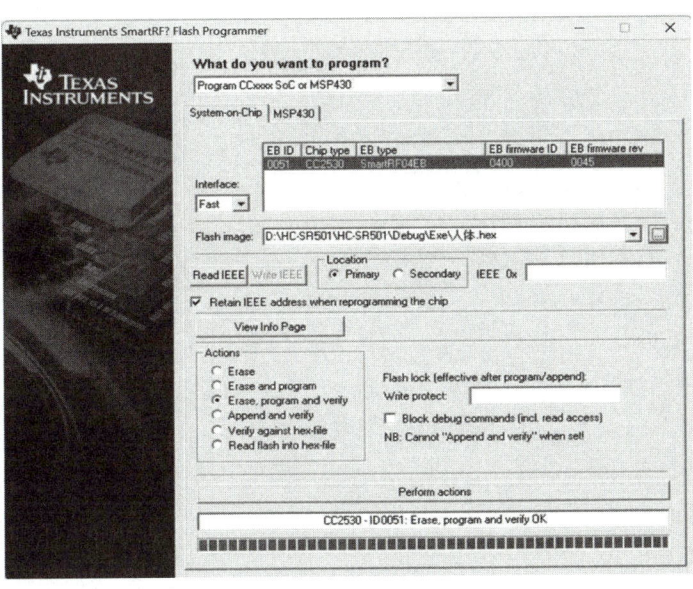

图 2.3.11　程序下载

5. 项目实现结果

感应到人体，LED 灯亮，如图 2.3.12 所示。

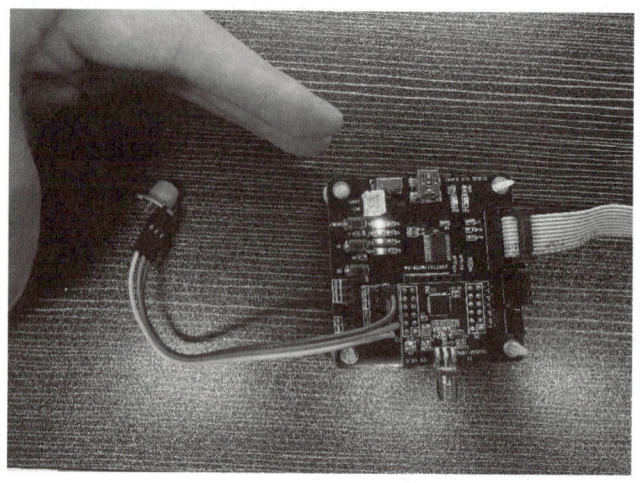

图 2.3.12　实验结果展示

项目四　烟雾传感器数据采集与应用

【项目导入】

本项目以烟雾传感器为例进行讲解。烟雾传感器的应用范围非常广泛，在众多领域中都起到非常关键的作用。

（1）消防系统：在火灾预警和防控系统中，烟雾传感器是至关重要的组成部分。它们可以及时检测到火灾产生的烟雾，触发报警系统，从而尽早发现火情并采取措施。

（2）安防系统：在构建安全防护系统时，烟雾传感器也扮演着重要角色。它们能够监测到由于意外或破坏行为引起的火灾所产生的烟雾，保障人员和财产安全。

（3）家庭和商业场所：为了提高居住和工作环境的安全性，家庭和商业场所也会安装烟雾传感器来预防火灾事故的发生。

（4）工业领域：在工厂和生产车间，尤其是涉及易燃易爆物质的操作过程中，烟雾传感器用于监测和控制潜在的火灾风险。

（5）交通工具：在火车、船舶、飞机等交通工具中，烟雾传感器同样是不可或缺的，它们能在初期阶段探测到由电气故障或其他原因导致的火灾，确保乘客安全。

（6）太空实验室：烟雾传感器最初是为太空环境设计的，用来监测封闭空间内的火灾情况。

（7）气体泄漏监测：某些类型的烟雾传感器，如 MQ-2，可用于监测家庭和工厂中的气体泄漏，包括液化气、苯、烷、酒精、氢气等，具有灵敏度高、响应快等特点。

（8）环境监测：在环境保护和监控方面，烟雾传感器可以用来检测空气中的污染物质，以评估空气质量。

（9）科学研究：在各类科学实验和研究中，烟雾传感器用来测量和记录烟雾或粒子的浓度变化。

【知识目标】

（1）了解什么是烟雾传感器。
（2）了解烟雾传感器的应用场景。
（3）熟悉烟雾传感器的工作原理。
（4）熟悉 MQ-2 型烟雾传感器的数据采集过程。

> **能力目标**

（1）掌握 CC2530 芯片 GPIO 的配置方法。
（2）掌握 MQ-2 气体传感器的硬件使用。
（3）能熟练利用 CC2530 平台进行传感器数据编程处理。
（4）掌握烟雾传感器的安装、调试和故障诊断。

> **素质目标**

（5）培养社会责任心和环保意识。
（6）培养勤于思考、做事认真的良好作风。

4.1 项目导学 烟雾传感器模块

MQ-2 是一款基于二氧化锡（SnO_2）半导体材料的气体传感器，广泛应用于家庭和工业环境中，用于检测多种可燃气体和烟雾。

（1）工作原理：MQ-2 型传感器在空气中工作时，其表面的二氧化锡会吸附氧分子，形成氧的负离子吸附层，这会导致半导体中的电子密度降低，从而增加其电阻值。当传感器接触到烟雾或特定气体时，如液化气、丁烷、丙烷、甲烷、酒精等，晶粒间界处的势垒发生变化，导致表面导电率改变。这种变化使得传感器能够检测到气体的存在，气体浓度越高，导电率越大，输出电阻越低，从而输出的模拟信号也越大。

（2）应用范围：MQ-2 适用于检测家庭和工厂中的气体泄漏，尤其适用于监测液化气、苯、烷、酒精、氢气等气体的泄漏。它的探测范围广泛，能够准确探测到低浓度的气体，因此在安全防护系统中具有重要作用。

（3）性能特点：该传感器具有高灵敏度、快速响应、良好的稳定性以及长寿命等特点。它的驱动电路简单，便于安装和维护，使其成为安全监测系统中的重要组成部分。

（4）使用方式：MQ-2 可以与微控制器如 Arduino 配合使用，通过编程可以实现烟雾或气体检测的功能，适用于各种自动化和智能化的气体检测系统。

4.2 项目知识

4.2.1 MQ-2 烟雾传感器简介

MQ-2 烟雾传感器所使用的气敏材料是在清洁空气中电导率较低的二氧化锡（SnO_2），如图 2.4.1 所示。当烟雾传感器所处环境中存在可燃气体时，烟雾传感器的电导率随空气中可燃气体浓度的增加而增大。使用简单的电路即可将电导率的变化转换为与该烟雾传感器气体浓度相对应的输出信号。MQ-2 气体烟雾传感器对液化气、丙烷、氢气的灵敏度高，对天然气和其他可燃蒸气的检测也很理想。这种气体传感器可检测多种可燃性气体，是一款适合广泛应用的低成本烟雾传感器。

图 2.4.1　MQ-2 烟雾传感器

4.2.2　MQ-2 烟雾传感器的原理

MQ-2 烟雾传感器的工作原理是基于二氧化锡（SnO_2）的气敏特性，是一种表面离子式 N 型半导体气体传感器，使用二氧化锡作为敏感材料。在清洁空气中，二氧化锡的电导率较低，当传感器处于 200～300 ℃ 的环境中时，二氧化锡会吸附空气中的氧分子，形成氧的负离子吸附在材料表面。这个过程会导致半导体中的电子密度减小，从而使得其电阻值增加。

当传感器与烟雾接触时，烟雾中的颗粒物会影响晶粒间界处的势垒，导致表面导电率发生变化。这种变化与烟雾的浓度成正比，即烟雾浓度越大，导电率越高，传感器的输出电阻就越小。通过测量这个电阻的变化，就可以得到烟雾存在的信息，并据此判断烟雾的浓度。

4.2.3　MQ-2 烟雾传感器模块特性

MQ-2 烟雾传感器（见图 2.4.2）在较宽的浓度范围内对可燃气体有良好的灵敏度，寿命长，成本低，简单的驱动电路即可使用。

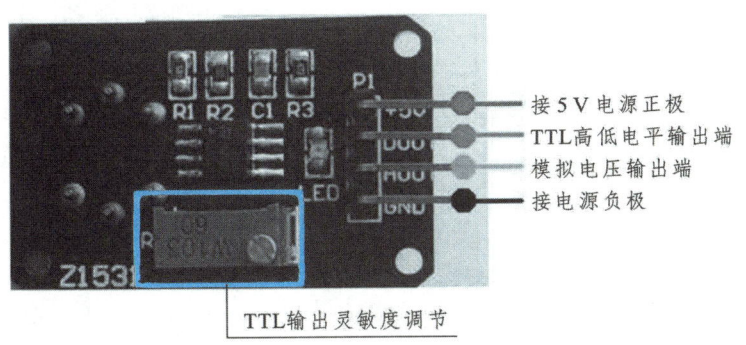

图 2.4.2　MQ-2 烟雾传感器模块

MQ-2 烟雾传感器模块特性如下：
（1）具有信号输出指示。
（2）双路信号输出：模拟量输出及 TTL 电平输出。
（3）TTL 输出有效信号为低电平（当输出低电平时，信号灯亮，可直接接单片机）。
（4）模拟量输出 0～5 V 电压，浓度越高，电压越高。
（5）对甲烷、丙烷、丁烷和氢气等可燃气体有较好的灵敏度。

（6）具有长期的使用寿命和可靠的稳定性。
（7）快速的响应恢复特性。

4.2.4　MQ-2 烟雾传感器产品参数

MQ-2 烟雾传感器参数如表 2.4.1 所示。

表 2.4.1　MQ-2 烟雾传感器参数

型　　号	MQ-2
工作电压	DC 5 V
工作电流	150 mA
产品类型	半导体器敏元器件
检测气体	烟雾、液化石油气、天然气和丙烷等
检测浓度	0.000 3~0.01（可燃气体）
尺寸	32 mm×20 mm×22 mm
输出	支持开关数字信号、浓度模拟信号输出
质量	7.4 g

4.3　项目实训　烟雾传感器数据采集软硬件设计

4.3.1　MQ-2 数据采集硬件设计

1. MQ-2 烟雾传感器原理图（见图 2.4.3）

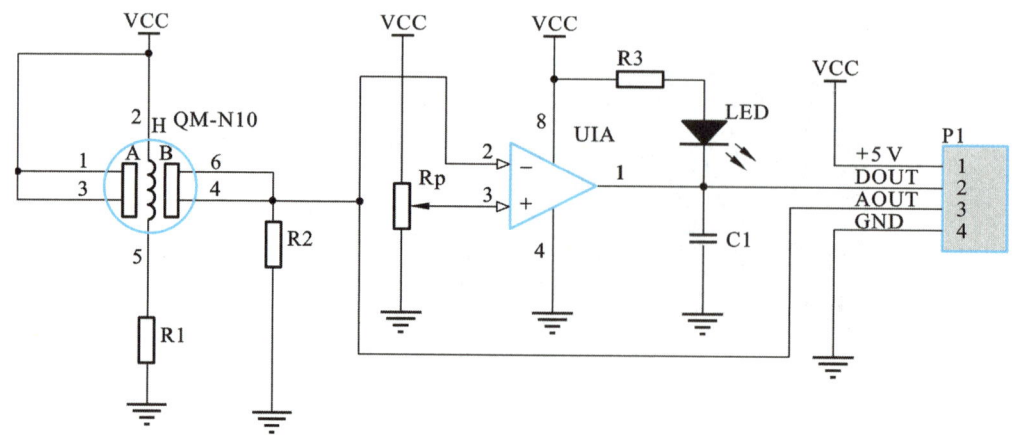

图 2.4.3　MQ-2 烟雾传感器原理图

QM-2 烟雾传感器的 4 脚输出随烟雾浓度变化的直流信号，被加到比较器 U1A 的 2 脚，R_P 构成比较器的门槛电压。当烟雾浓度较高，输出电压高于门槛电压时，比较器输出低电平（0 V），此时 LED 亮报警；当浓度降低，传感器的输出电压低于门槛电压时，比较器翻转输出高电平（VCC），LED 熄灭。调节 R_P，可以调节比较器的门槛电压，从而调节报警输出的灵敏度。R_1 串入传感器的加热回路，可以保护加热丝免受冷上电时的冲击。

2. ADC 转换电路

MQ-2 传感器另外一个采集方法为 A/D 信号采集,即将电压信号转化为数字信号,进而转化为精确的烟雾浓度值,如图 2.4.4 所示。

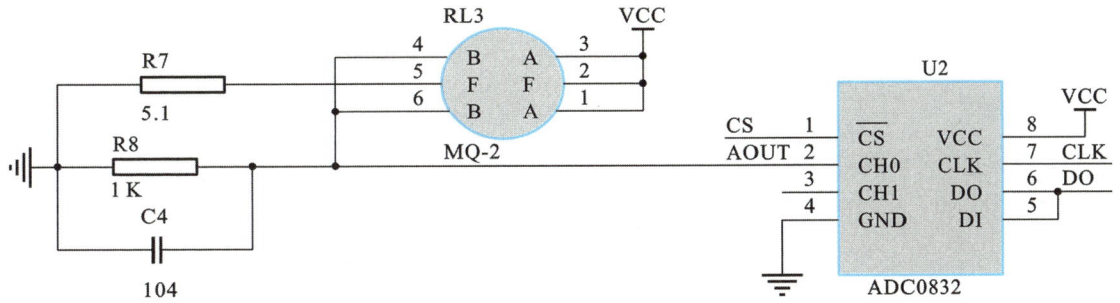

图 2.4.4 A/D 转换电路

MQ-2 传感器的 4 脚、6 脚的电压为输出信号,R_s 为传感器的本体电阻。若气体浓度上升,必导致 R_s 下降。而 R_s 的下降则会导致 MQ-2 的 4 脚、6 脚对地输出的电压增大。所以气体浓度增大,其输出的电压也会增大,最终通过 ADC0832 转换后数值增大。

3. 引脚说明

MQ-2 传感器模块有四个引脚,如表 2.4.2 所示。

表 2.4.2 引脚说明

模块引脚	说 明
VCC	电源正极接口,可外接 3.3~5 V 供电电源,电流为 150 mA
GND	电源负极接口,可外接电源负极或地线(GND)
DO	数字信号输出接口(0 和 1),可外接单片机的 GPIO
AO	模拟信号输出接口(输出 0.1~0.3 V,高浓度时为 4 V 左右),可外接单片机的 ADC 采样通道

连接方式为:

(1)用杜邦线把模块 VCC 和 GND 分别与 CC530 的 3.3 V(或 5 V)、GND 连接;

(2)把 DO 与 CC530 的其中一个 GPIO 连接;

(3)把 AD 与 CC530 的其中一个 ADC 采样通道连接。

注:传感器通电后,需要先预热约 60 s 后,测量的数据才稳定。传感器发热属于正常现象,这是因为内部有电热丝,但如果烫手,则不正常。

4. 检测过程

当可燃气体浓度小于指定的阈值时,DO 输出高电平,大于指定的阈值时则输出低电平。

5. 阈值调节

模块中的电位器用于调节阈值,顺时针旋转,阈值会变大,逆时针则变小。

6. AO 接口说明

与 DO 不同，AO 会输出模拟信号，因此需要与单片机的 ADC 采样通道连接。单片机可以通过此模拟信号来获取可燃气体的浓度大小。

4.3.2 MQ-2 数据采集软件设计

1. 任务目的

（1）通过实验掌握 CC2530 芯片 GPIO 的配置方法。
（2）掌握 MQ-2 气体传感器的使用。

2. 任务设备

（1）硬件：计算机一台、ZB2530（底板、核心板、仿真器、USB 线）一套、MQ-2 气体传感器一个。
（2）软件：2000/XP/Win7 系统，IAR 8.10 集成开发环境。

3. 程序设计

方法一：参考硬件电路设计，比较器电路处理的检测信号只有高和低两种状态。当浓度低于阈值时，信号为高电平；浓度高于阈值时，信号为低电平。所以 CC2530 只需要将引脚配置为输入模式，监控该信号的高低电平即可。

方法二：采用 A/D 信号采集程序，实现对 MQ-2 烟雾浓度的采集，只需实现 ADC0832 采集函数便可完成信号的采集。但通过 ADC0832 采集到的信号为原始信号，要转换为实际的烟雾浓度，还需要根据 MQ-2 的特性进行校正和公式转换，最终得到实际的浓度值。

（1）程序界面如图 2.4.5 所示。

本项目采用最简单的 MQ-2 烟雾传感器模块，通过 GPIO 口的设置进行编程实现。

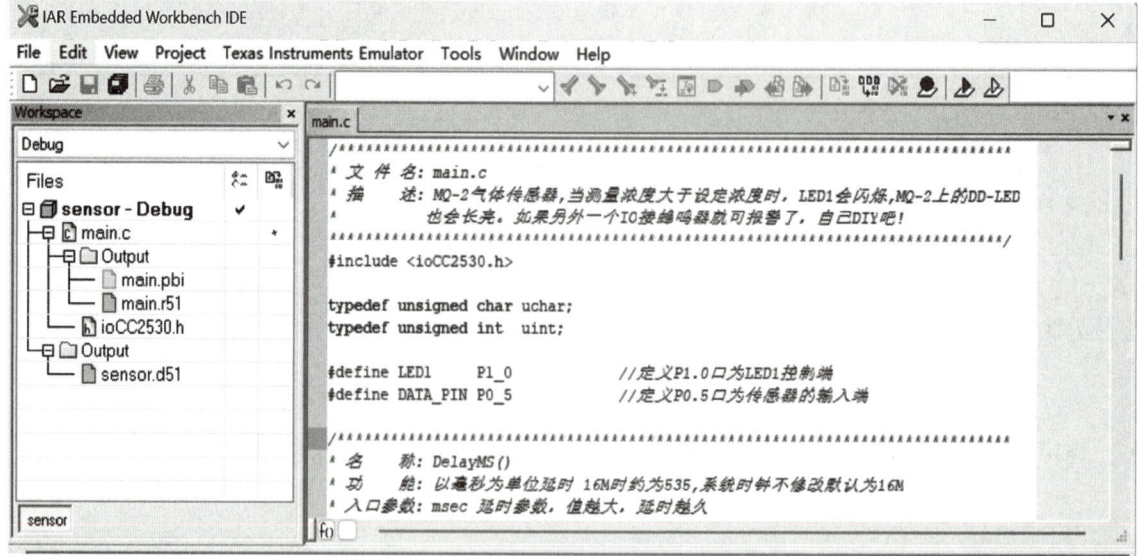

图 2.4.5　程序界面

（2）主程序流程如图 2.4.6 所示。

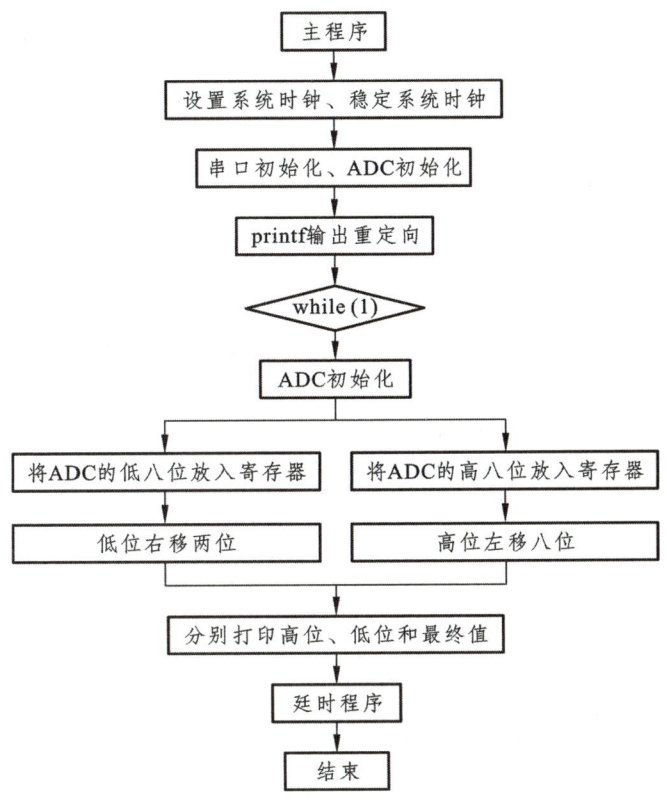

图 2.4.6　主程序流程

（3）主程序代码如下：

```
/***********************************************************
* 文 件 名：Main.c
* 描    述：加载头文件，定义变量，设置端口
***********************************************************/
#include <ioCC2530.h>
#include <string.h>
#include <stdio.h>
#include <ADC.h>
#define TX    P0_3
#define A0 P0_6


typedef unsigned int   uint;
int TX_data = 0;
int L,H;
/***********************************************************
* 名    称：main()
```

```
*   功      能：以毫秒为单位延时 16 M 时约为 1070，系统时钟不修改默认为 16 M
*   入口参数: msec 延时参数，值越大，延时越久
*   出口参数: 无
***********************************************************************/
void main(void)
{
    CLKCONCMD &=~0X47;//32 kHz 系统时钟
    while(CLKCONSTA & 0x47);
    Int_Usart();
    while(1)
    {
        Init_ADC();
        L = ADCL;
        H = ADCH;
        TX_data = (L>>2);
        TX_data |= (H<<6);
        printf("ADC 的值 L 为%x\n\r",L);
        printf("ADC 的值 H 为%x\n\r",H);
        printf("ADC 的值为%d\n\r",TX_data);
        DelayMS(1 000);
    }
}
```

（4）串口初始化流程如图 2.4.7 所示。

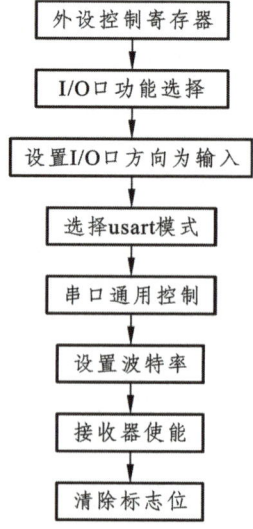

图 2.4.7　串口初始化流程

（5）串口初始化程序代码如下：

```
/*******************************************************************
* 名      称:Int_Usart()
* 功      能：设置 ADC 采集串口
* 入口参数: 无
* 出口参数: 无
*******************************************************************/

void Int_Usart(void)
{
    PERCFG=0x00;     //外设控制寄存器
    P0SEL |=0X0C;
    P2DIR &= ~0XC0;
    U0CSR |=0X80;    //选择 uart 模式
    U0GCR |= 11;
    U0BAUD |= 216;
    U0CSR |=0X40;    //接收器使能
    UTX0IF |= 0;
}
```

（6）A/D 转换流程如图 2.4.8 所示。

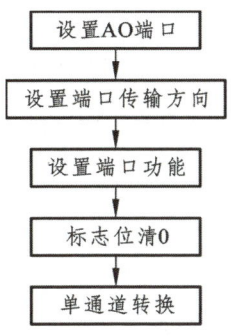

图 2.4.8　A/D 转换流程

（7）A/D 转换程序代码如下：

```
/*******************************************************************
* 名      称：Init_ADC()
* 功      能：初始化 ADC，设置端口传输方向和功能，以及通道转换
* 入口参数: 无
* 出口参数: 无
*******************************************************************/
```

```
void Init_ADC(void)
{
  P0DIR &= ~0X40;    //设置 P0_6 传输方向
  APCFG |= 0X40;     //设置 P0_6 端口功能
  ADCIF = 0;         //标志位
  ADCCON3 |=0XB6;    //单通道转换
  while(!ADCIF);
}
```

4. 程序下载界面（见图 2.4.9）

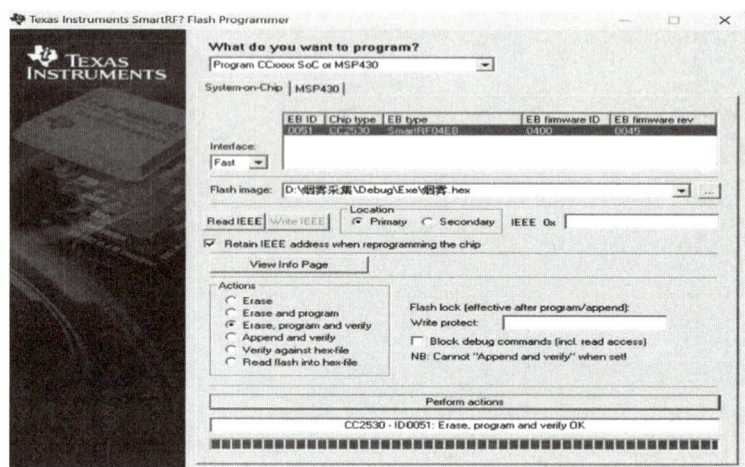

图 2.4.9　程序下载

5. 项目实现结果

通过采集环境烟雾，进行 A/D 转换，并实时显示烟雾测量值，如图 2.4.10 所示。

图 2.4.10　烟雾测量结果

项目五　超声波传感器数据采集与应用

【项目导入】

超声波传感器应用非常广泛，利用超声波传感器的多种特性，在没有视线直接接触的情况下检测物体，对透明或反光物体的检测不受颜色或光照条件影响。超声波传感器广泛应用于如下领域：

（1）工业自动化：在工业领域，超声波传感器常用于检测物体的位置、距离和速度，以及监控液位和流量。它们可以在恶劣的工业环境中稳定工作，如高温、粉尘或潮湿条件，通常用于机器人导航、零件计数和自动门系统等。

（2）医疗器械：超声波传感器在医疗领域的应用包括用于各种输液设备中，如输液泵、透析机、心肺机等，通过检测管道中的气泡来保证输液的安全性。

（3）国防：在国防领域，超声波传感器可以用于潜艇和舰船的探测系统，以及空中和陆地的军事侦察。

（4）生物医学：在生物医学领域，超声波传感器用于诊断设备，如超声波心动图和超声波成像系统，帮助医生观察人体的内部结构。

（5）半导体生产：在半导体制造过程中，超声波传感器用于精确控制和检测以确保产品质量。

（6）食品饮料灌装：在食品和饮料行业，超声波传感器用于监测和控制灌装水平，确保包装的准确性。

（7）喷涂和润滑：在机械加工和制造业中，超声波传感器用于监控喷涂和润滑过程，以提高生产效率和产品质量。

（8）汽车：在汽车行业中，超声波传感器被用于泊车辅助系统和防撞系统中，以提高驾驶的安全性。

（9）家居安防：在智能家居和安防系统中，超声波传感器可以用于入侵检测和自动门控制等。

知识目标

（1）理解超声波传感器的基本原理。
（2）熟悉超声波传感器的结构组成。
（3）熟悉 HC-SR04 超声波模块的接线方式。
（4）理解 CC2530 对 HC-SR04 超声波模块数据的采集方法。

> **能力目标**

（1）掌握 HC-SR04 超声波模块的基本原理、结构及调试方法。
（2）掌握 CC2530 芯片 GPIO 的配置方法。
（3）掌握 HC-SR04 超声波传感器的使用及数据采集。
（4）能使用 C 语言完成数据转换。

> **素质目标**

（1）培养制作工作计划的组织能力。
（2）培养进行专业技术交流的语言表达能力。

5.1 项目导学　超声波传感器模块

超声波传感器是一种能够将交变电信号转换为声信号或将外界声场中的声信号转换为电信号的能量转换器件。它通常包含一个发射器和一个接收器：发射器发出超声波，当超声波遇到障碍物时反射回来；接收器捕捉这些反射波并将其转换为电信号。

超声波传感器因其独特的特性，如高频率、短波长、良好的方向性和穿透力，被广泛应用于各种领域。例如，在工业自动化中用于物体检测、距离测量，在医疗器械中用于成像和诊断，在汽车中用于泊车辅助和防撞系统等。

随着自动化技术的发展，对机器人、自动驾驶汽车和无人机等领域的需求增加，超声波传感器作为一种功能性、灵活性和低成本的解决方案，在传感市场中占据着重要的地位。

5.2 项目知识

5.2.1 HC-SR04 超声波传感器模块简介

HC-SR04 超声波模块主要由两个通用的压电陶瓷超声传感器和外围信号处理电路构成，如图 2.5.1 所示。HC-SR04 超声波测距模块可提供 2～400 cm 的非接触式距离感测功能，测距精度可达到 3 cm，模块包括超声波发射器、接收器与控制电路。

图 2.5.1　超声波传感器模块

5.2.2 HC-SR04 超声波传感器模块的原理

超声波传感器的工作原理主要是通过发射头发射特定频率的超声波，当这些波遇到障碍物时会反射回来，然后由接收头接收。通过计算声波发射和接收之间的时间差，传感器可以确定障碍物的距离。这种传感器具有很好的方向性和穿透能力，使其在许多领域都有广泛的应用。

此外，超声波传感器通常由一个发射器和一个接收器组成，它们可以安装在同一面上，也可以是分开的两个模块。传感器的核心部分是两个超声波元件，一个用作发射器，另一个作为接收器。这两个功能集成在同一个模块中，使得设备更加紧凑和易于使用。

超声波测距是借助超声脉冲回波渡越时间法来实现的。设超声波脉冲由传感器发出到接收所经历的时间为 t，超声波在空气中的传播速度为 c，则从传感器到目标物体的距离 D 可用下式求出：

$$D = ct/2$$

超声波测距系统组成如图 2.5.2 所示。

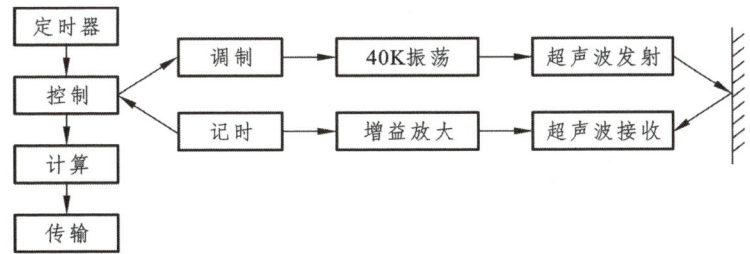

图 2.5.2　超声波测距系统组成

5.2.3 HC-SR04 超声波传感器模块电气参数

HC-SR04 超声波传感器电气参数如表 2.5.1 所示。

表 2.5.1　HC-SR04 电气参数

电气参数	HC-SR04 超声波模块
工作电压	DC 5 V
工作电流	15 mA
工作频率	40 kHz
最远射程	4 m
最近射程	2 cm
测量角度	15°
输入触发信号	10 μs 的 TTL 脉冲
输出回响信号	输出 TTL 电平信号，与射程成比例
规格尺寸	45 mm×20 mm×15 mm

5.2.4　HC-SR04 超声波传感器模块控制程序

（1）单片机引脚触发 Trig 测距，给至少 10 μs 的高电平信号。
（2）模块自动发送 8 个 40 kHz 的方波，自动检测是否有信号返回。
（3）若有信号返回，通过 IO 输出一高电平。
（4）单片机定时器计算高电平持续的时间，即超声波从发射到返回的时间。
（5）计算公式：测试距离=高电平持续时间×声速/2，其中声速=340 m/s。

5.2.5　HC-SR04 超声波传感器模块时序图

HC-SR04 超声波传感器模块时序图如图 2.5.3 所示。

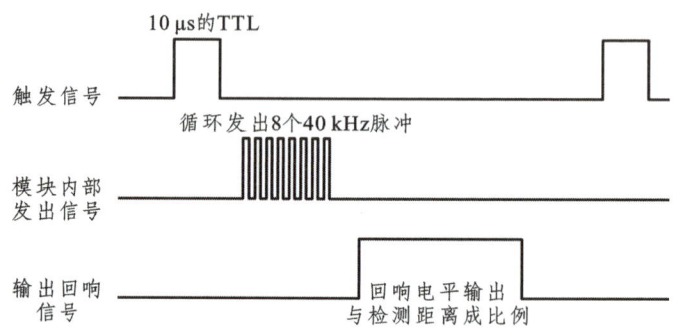

图 2.5.3　HC-SR04 超声波传感器模块时序图

以上时序图表明需要提供一个 10 μs 以上脉冲触发信号，该模块内部将发出 8 个 40 kHz 周期电平并检测回波。一旦检测到有回波信号，则输出回响信号。回响信号的脉冲宽度与所测的距离成正比。由此通过发射信号到收到的回响信号时间间隔可以计算得到距离。测量周期为 60 ms 以上，以防止发射信号对回响信号的影响。

注意：
（1）此模块不宜带电连接，若要带电连接，则先让模块的 GND 端连接，否则会影响模块的正常工作。
（2）测距时，被测物体的面积不少于 0.5 m² 且平面尽量要求平整，否则会影响测量的结果。

5.3　项目实训　超声波传感器数据采集软硬件设计

5.3.1　HC-SR04 数据采集硬件设计

1. 原理图设计（见图 2.5.4）

超声波传感器模块有 4 个引脚，分别为 VCC、Trig（控制端）、Echo（接收端）、GND；其中 VCC 接 5 V 电源，GND 为地线，Trig 控制发出的超声波信号，Echo 接收反射回来的超声波信号。

项目五 超声波传感器数据采集与应用

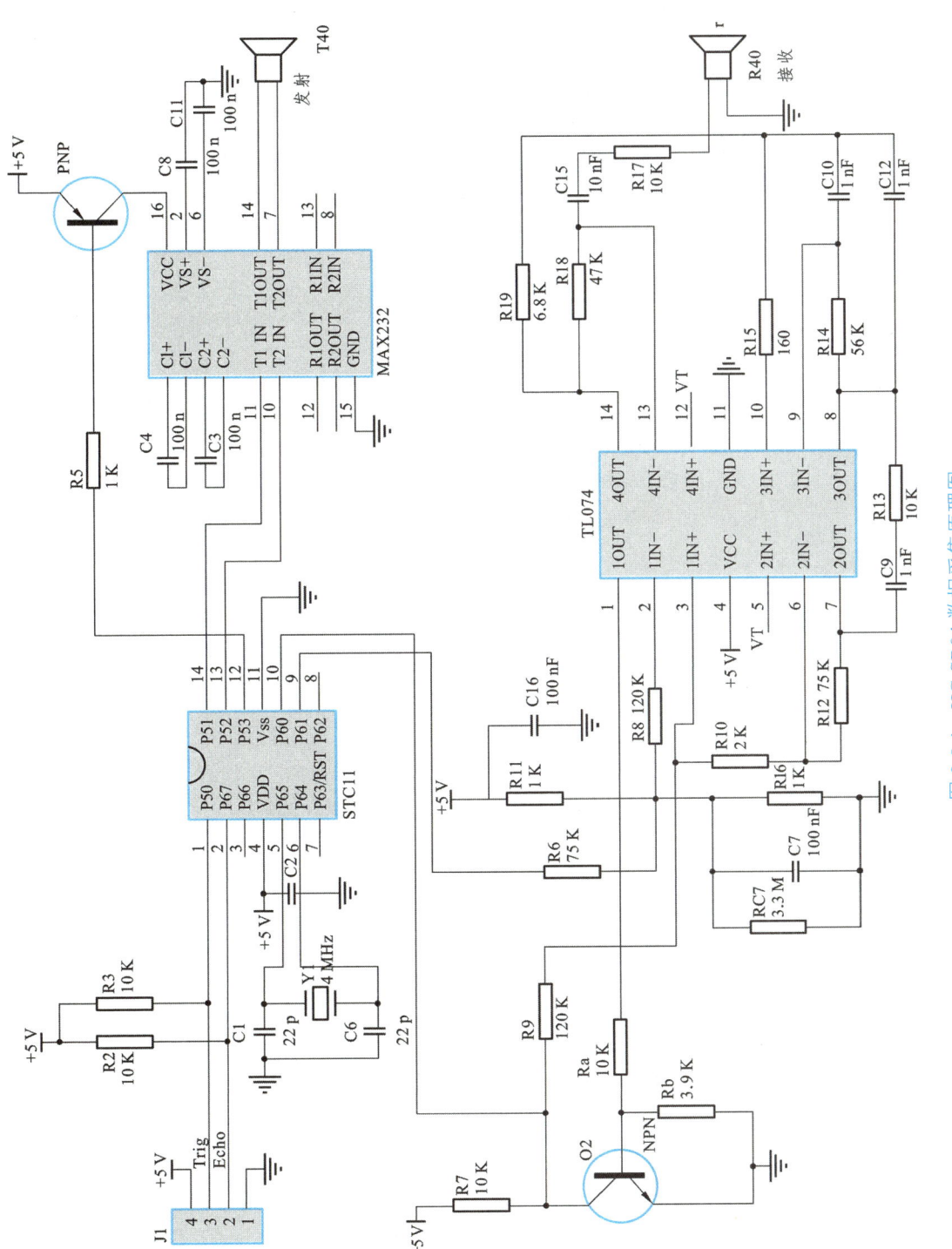

图 2.5.4 HC-SR04 数据采集原理图

2. 模块引脚（见图 2.5.5）

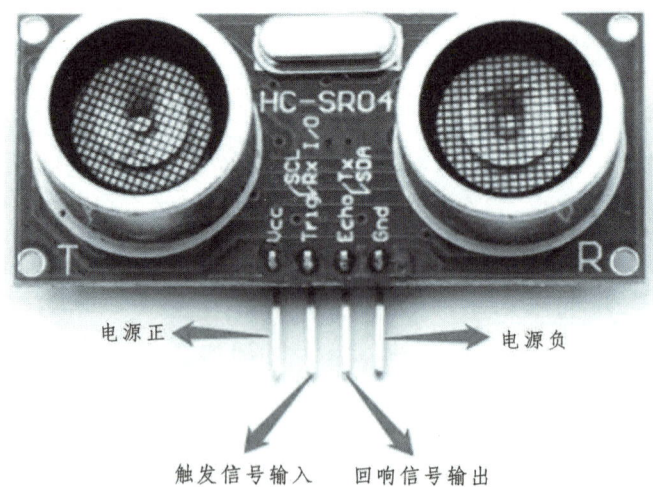

图 2.5.5　HC-SR04 传感器模块引脚示意

5.3.2　HC-SR04 数据采集软件设计

1. 任务目的

（1）通过实验掌握 CC2530 芯片 GPIO 的配置方法。
（2）掌握 HC-SR04 超声波传感器的使用和数据采集。

2. 任务设备

（1）硬件：计算机一台、ZB2530（底板、核心板、仿真器、USB 线）一套、HC-SR04 超声波传感器、信号处理模块、杜邦线。
（2）软件：2000/XP/Win7 系统，IAR8.10 集成开发环境、串口助手。

3. 程序设计

（1）程序界面如图 2.5.6 所示。

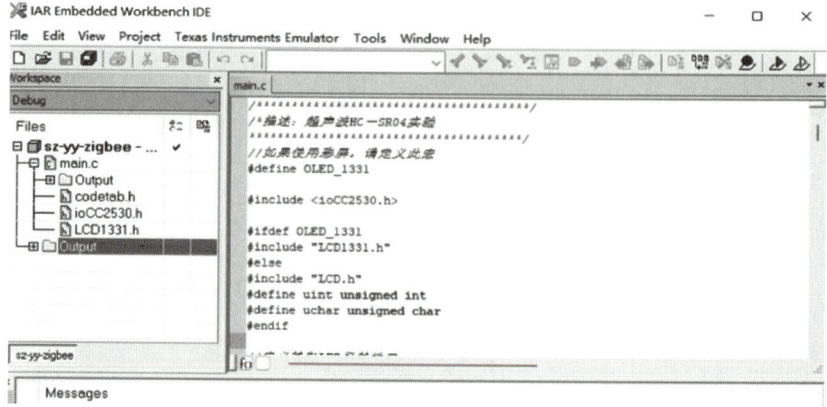

图 2.5.6　程序界面

（2）主程序流程如图 2.5.7 所示。

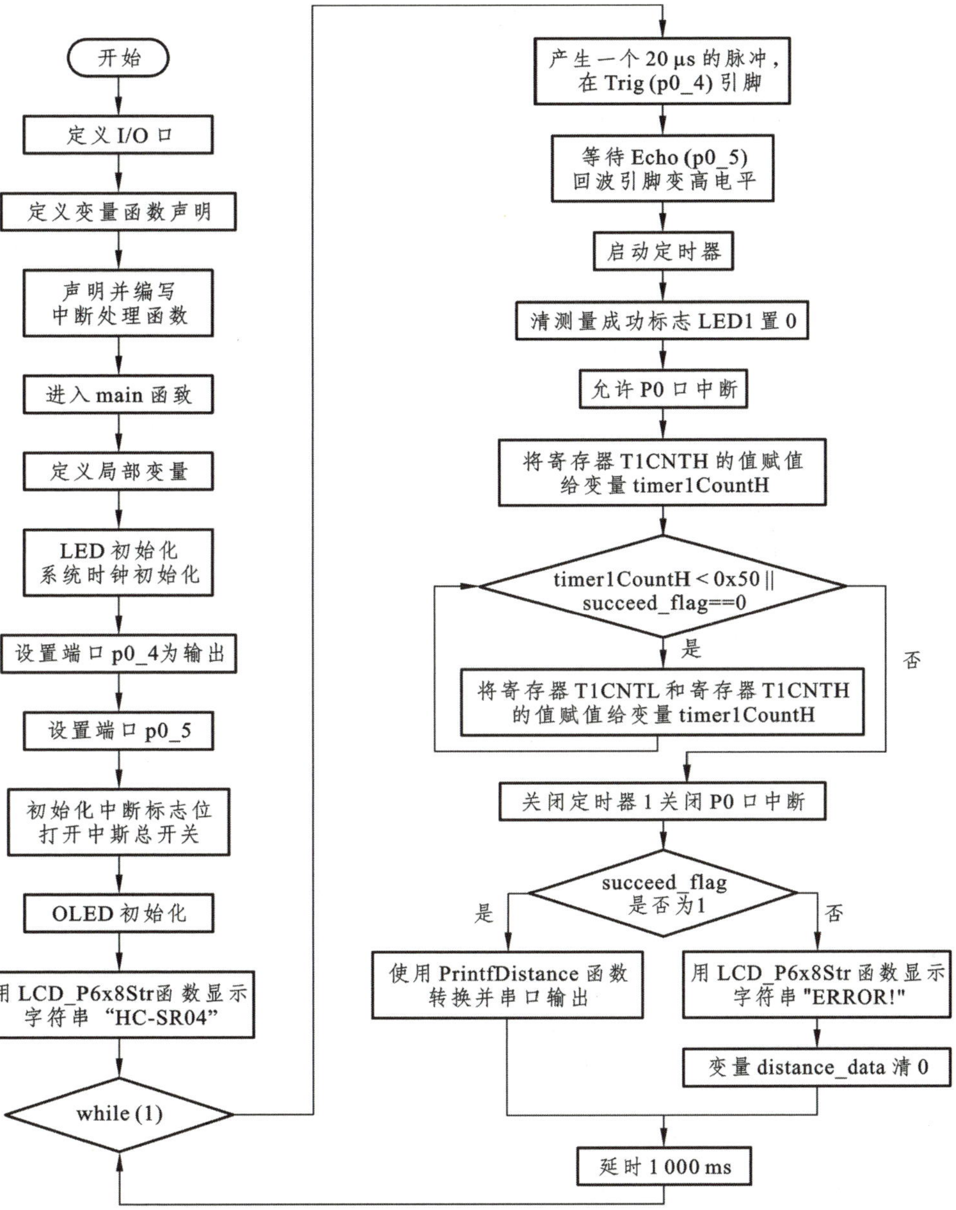

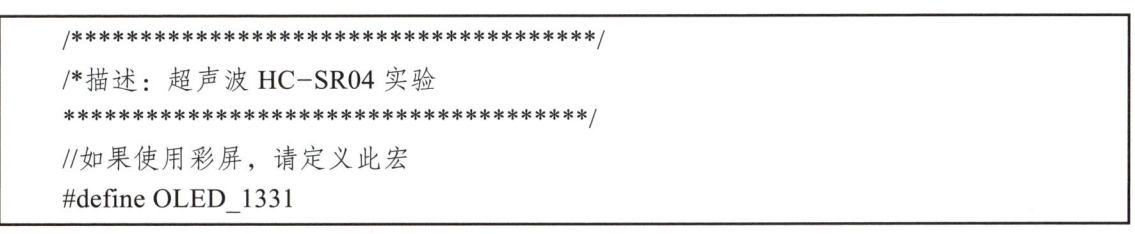

图 2.5.7　主程序流程

（3）主程序代码如下：

```
/*********************************/
/*描述：超声波 HC-SR04 实验
*********************************/
//如果使用彩屏，请定义此宏
#define OLED_1331
```

```c
#include <ioCC2530.h>

#ifdef OLED_1331
#include "LCD1331.h"
#else
#include "LCD.h"
#define uint unsigned int
#define uchar unsigned char
#endif

//定义控制LED灯的端口
#define LED1    P1_0            //定义LED1为P10口控制
#define LED2    P1_1            //定义LED2为P11口控制
#define LED3    P1_4            //定义LED3为P14口控制
#define Trig P0_4 //产生脉冲引脚
#define Echo P0_5 //回波引脚
uchar TxBuff[15]={0};
void UartTX_Send_String(uchar *Data,int len);
void PrintfDistance();

//函数声明
void Delayms(uint);          //延时函数
void InitLed(void);          //初始化P1口
void KeyInit();              //按键初始化
uchar KeyValue=0;
uchar outcomeH,outcomeL;     //记录产生中断时定时器1的计数值
uchar succeed_flag=0;    //测量成功标志  1:成功
/*************************
//延时函数
**************************/
void Delayms(uint xms)    //i=xms 即延时i毫秒
{
    uint i,j;
    for(i=xms;i>0;i--)
        for(j=587;j>0;j--);
}

void MicroWait( int timeout )
{
   while (timeout--)
```

```c
    {
        asm("NOP");
        asm("NOP");
        asm("NOP");
    }
}

void delay_20us(void) //20 us 延时
{
    MicroWait(20);
}

/***********************
            主函数
***************************/
void main(void)
{
    uint distance_data=0;
    uchar timer1CountH=0;

    InitLed();              //调用初始化函数
    //InitKey();
    initClkTo32M(); //初始化系统频率为 32M
    initUART0();

    //设置 p0_4 输出
    P0DIR |= 0x10; //P0_4 定义为输出

    //设置 p0_5
    P0IEN |= 0X20;   //P05 中断使能
    PICTL |= 0X01; // P0 口下降沿触发
    //                IEN1 |= 0X20;    // 允许 P0 口中断;
    P0IFG = 0x00;   // 初始化中断标志位
    EA = 1;

    LCD_Init();                    //oled 初始化
    LCD_P6x8Str(0, 2, "HC-SR04");

    while(1)
    {
        //产生一个 20 us 的脉冲，在 Trig 引脚
        Trig=1;
```

```c
            delay_20us();
            Trig=0;

            //等待 Echo 回波引脚变高电平
            while(Echo==0);

            //启动定时器
            StartTimer1();

            //清测量成功标志
            succeed_flag=0;
            LED1=0;
            IEN1 |= 0X20;      // 允许 P0 口中断;
            timer1CountH=T1CNTH;
//      while(timer1CountH < 0x18)//测量的最大距离是 4 m,在 32M 128 分频的情况
下不会大于 0.023 5 s,以 0.05 s 算,计数值为 6250=0x186A,高位大于 0x18 认为测不到物体
            while(timer1CountH < 0x50 || succeed_flag==0)
            {
                timer1CountH=T1CNTL;
                timer1CountH=T1CNTH;
            }

            T1CTL&=~0x03;      //关闭定时器 1
            IEN1 &=~0X20;      // 关闭 P0 口中断

            if(succeed_flag==1)
            {
                //转换并串口输出
                PrintfDistance();
            }
            else
            {
                LCD_P6x8Str(0, 4, "ERROR!");
                distance_data=0;                    //没有回波则清零
            //  LED1 = !LED1;                       //测试灯变化
            }

            Delayms(1000);
    }
}
```

（4）LED 初始化流程如图 2.5.8 所示。

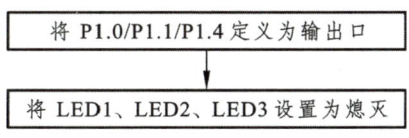

图 2.5.8　LED 初始化流程

代码如下：

```
/***************************
LED 初始化程序
***************************/
void InitLed(void)
{
    P1DIR = 0x13;              //P10 P11 P14 为输出
    LED1 = 1;        //LED1 灯熄灭
    LED2 = 1;        //LED2 灯熄灭
    LED3 = 1;        //LED3 灯熄灭
}
```

（5）按键外部中断流程如图 2.5.9 所示。

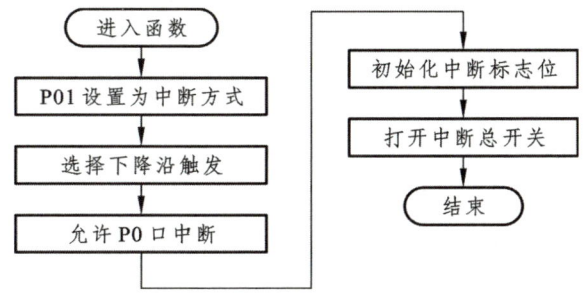

图 2.5.9　外部中断程序流程

代码如下：

```
/***************************
KEY 初始化程序--外部中断方式
***************************/
void InitKey()
{
    P0IEN |= 0X2;   //P01 设置为中断方式
    PICTL |= 0X2;   // 下降沿触发
    IEN1 |= 0X20;    // 允许 P0 口中断;
```

```
    P0IFG = 0x00;      // 初始化中断标志位
    EA = 1;
}
```

（6）系统时钟初始化流程如图 2.5.10 所示。

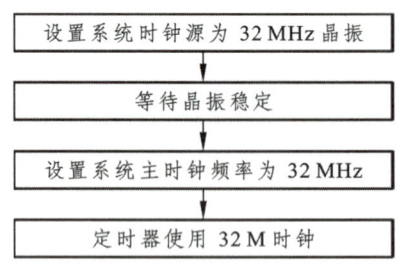

图 2.5.10 时钟初始化程序流程

代码如下：

```
/******************************************************************
32M 系统时钟初始化程序
******************************************************************/

void initClkTo32M()
{
    CLKCONCMD &= ~0x40;                    //设置系统时钟源为 32 MHz 晶振
    while(CLKCONSTA & 0x40);               //等待晶振稳定
    CLKCONCMD &= ~0x47;                    //设置系统主时钟频率为 32 MHz
    CLKCONCMD &= ~0x3F;    //定时器使用 32M 时钟
}
```

（7）串口初始化流程如图 2.5.11 所示。

图 2.5.11 串口初始化函数程序流程

代码如下:

```
/***************************************************************
初始化串口 0 函数
***************************************************************/
void initUART0(void)
{
    PERCFG = 0x00;              //位置 1 P0 口
    P0SEL |= 0x0c;              //P0 用作串口,p02\p03 作为外设功能
    P2DIR &= ~0XC0;             //P0 优先作为 UART0
    U0CSR |= 0x80;              //串口设置为 UART 方式
    U0GCR |= 11;
    U0BAUD |= 216;              //波特率设为 115200
    UTX0IF = 1;                 //UART0 TX 中断标志初始置位 1
    U0CSR |= 0X40;              //允许接收
//    IEN0 |= 0x84;              //开总中断,接收中断
}
```

(8) 中断处理函数流程如图 2.5.12 所示。

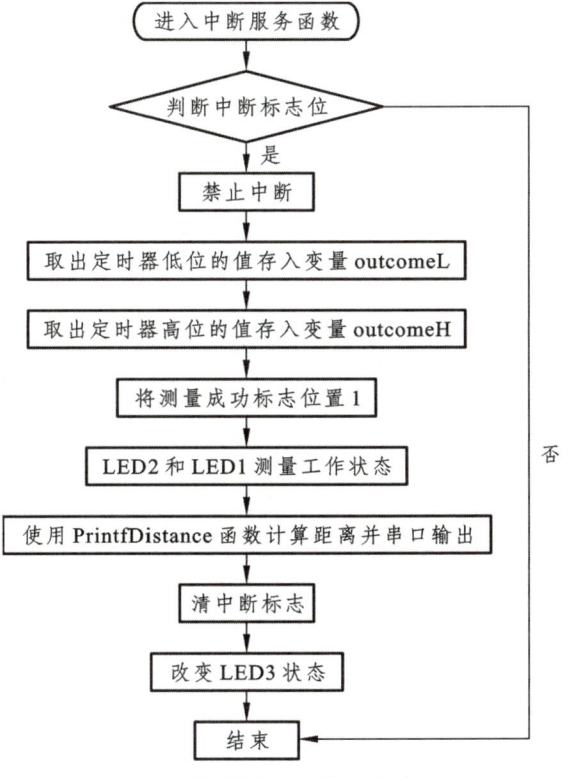

图 2.5.12 中断处理函数程序流程

代码如下:

```c
/***************************
        中断处理函数
***************************/
#pragma vector = P0INT_VECTOR
//格式: #pragma vector = 中断向量,紧接着是中断处理程序
  __interrupt void P0_ISR(void)
{
    //P0_5 产生中断
    if((P0IFG&0x20)==0x20)
    {
        IEN1 &=~0X20;      // 关闭 P0 口中断

        outcomeL =T1CNTL;    //取出定时器的值
        outcomeH =T1CNTH;    //取出定时器的值
        succeed_flag=1;     //置成功测量的标志

        LED2=!LED2;
        LED1=1;

 //       UartTX_Send_String("P0_ISR\r\n", 7);
        PrintfDistance();
    }

    P0IFG = 0;              //清中断标志
    P0IF = 0;               //清中断标志

    LED3=!LED3;
}
```

(9) 定时器处理函数流程如图 2.5.13 所示。

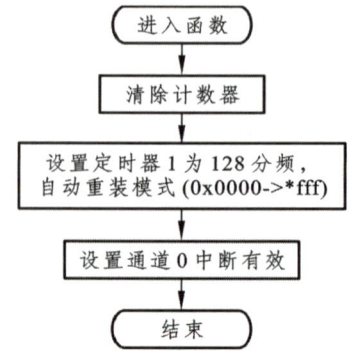

图 2.5.13　定时器处理程序流程

代码如下:

```
/***************************
    定时器启动程序
***************************/
void StartTimer1()
{
//清计数
    T1CNTL=0;
    T1CNTH=0;

    T1CTL = 0x0D;
    T1STAT= 0x21;       //通道 0,中断有效,128 分频;自动重装模式(0x0000->0xffff)    }
```

(10) 串口发送函数流程如图 2.5.14 所示。

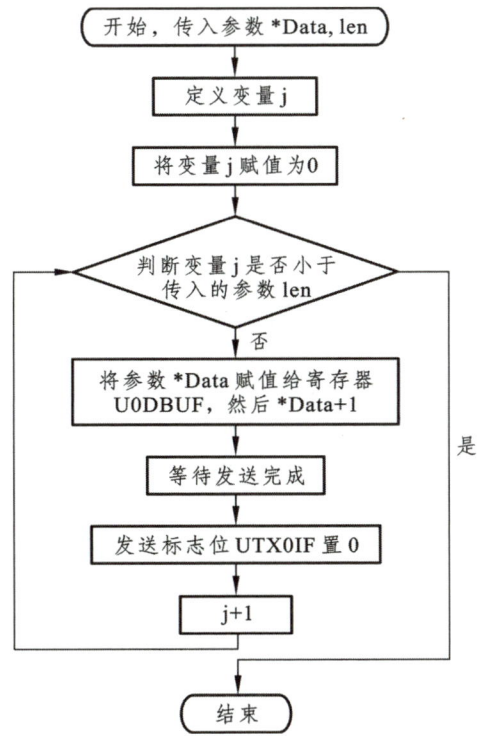

图 2.5.14 串口发送函数程序流程

代码如下：

```
/***************************
    串口发送程序
***************************/
void UartTX_Send_String(uchar *Data,int len)
{
    int j;
    for(j=0;j<len;j++)
    {
        U0DBUF = *Data++;
        while(UTX0IF == 0);
        UTX0IF = 0;
    }
}
```

（11）距离计算与打印程序流程如图 2.5.15 所示。

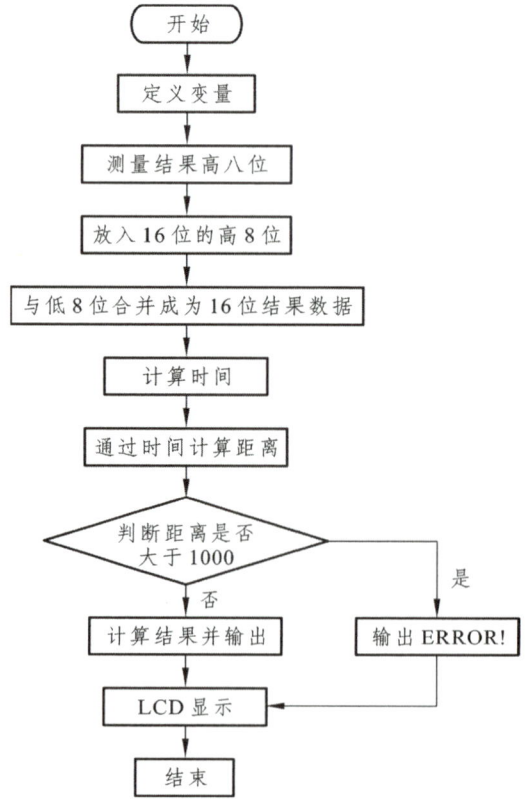

图 2.5.15　距离计算与打印程序流程

代码如下：

```c
/**************************
   距离计算与打印程序
**************************/
void PrintfDistance()
{
    uint distance_data=0;

    distance_data=outcomeH;                    //测量结果的高8位
    distance_data<<=8;                         //放入16位的高8位
    distance_data=distance_data|outcomeL;      //与低8位合并成为16位结果数据
    distance_data*=4;                          //因为定时器为128分频,32M时钟,4=128/32,
    distance_data/=58;                         //微秒的单位除以58等于厘米
            //为什么除以58等于厘米， Y米=（X秒*344）/2
            // X秒=（ 2*Y米）/344 ==》X秒=0.0058*Y米 ==》厘米=微秒/58

    if(distance_data>=1000)
    {
        UartTX_Send_String("error.\r\n", 8);
        LCD_P6x8Str(0, 4, "ERROR!");
    }
    else
    {
        TxBuff[0]=0x30+(distance_data%1000)/100;
        TxBuff[1]=0x30+((distance_data%1000)%100)/10;
        TxBuff[2]=0x30+((distance_data%1000)%100)%10;
        TxBuff[3]='c';
        TxBuff[4]='m';
        TxBuff[5]='\r';
        TxBuff[6]='\n';
        UartTX_Send_String(TxBuff, 7);

        TxBuff[5]='\0';
        LCD_P6x8Str(0, 4, TxBuff);
    }
}
```

4. 程序下载界面（见图 2.5.16）

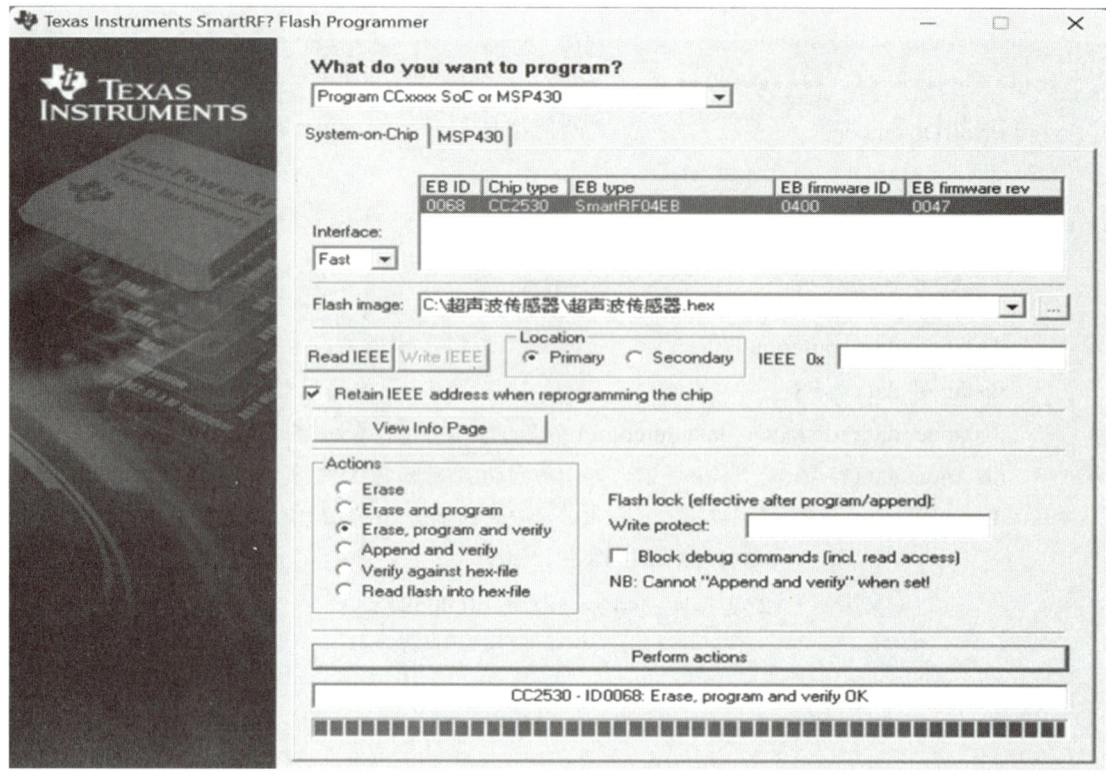

图 2.5.16　程序下载

5. 项目实现结果（见图 2.5.17、图 2.5.18）

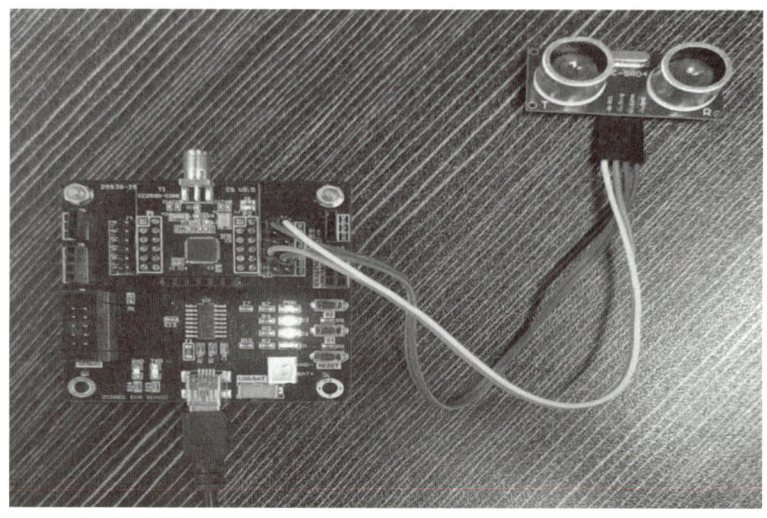

图 2.5.17　实物展示

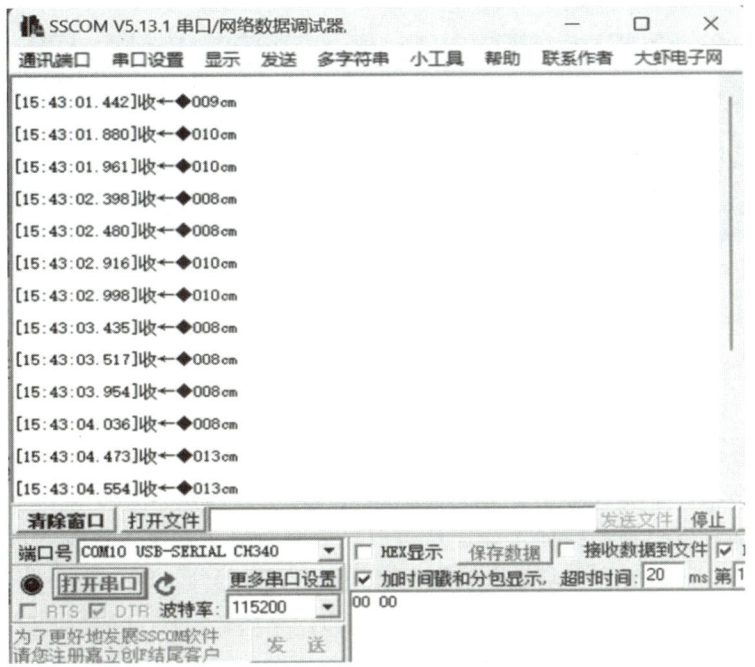

图 2.5.18　测量数据展示

项目六　火焰传感器数据采集与应用

【项目导入】

火焰传感器在现代社会的众多领域不可或缺。

（1）工业安全：在工业环境中，火焰传感器被用于火灾预警和防护系统。它们能够及时监测到火焰的存在并触发警报，以便工作人员可以采取紧急撤离和灭火措施。此外，火焰传感器还可以与其他设备集成，如自动喷水装置或气体灭火系统，以提供更高效的火灾防护。

（2）家庭安全：在家庭安全领域，火焰传感器可以用来监测厨房、卧室和客厅等区域的火焰。一旦检测到火情，它们会及时发出警报并通知居民，这对保护人们的生命和财产安全至关重要。

（3）消防系统：火焰传感器在消防系统中也扮演着重要角色。它们可以与自动喷水装置或气体灭火系统集成，实现自动灭火的功能，从而提高消防系统的响应速度和效率。

（4）环境监测：火焰传感器在环境监测中也有应用，例如监测燃烧过程，确保环境的可持续性和安全。

（5）石油、化工、造纸行业：这些行业由于其工作性质，火灾风险较高，因此火焰传感器成为其标准配置之一。

（6）高端住宅、商业区域：随着技术的发展，火焰传感器也逐渐在这些领域得到普及，以提高火灾安全防范水平。

火焰传感器的应用非常广泛，几乎涵盖了所有对火灾安全有需求的领域，它们通过提高火灾的检测速度和准确性，为人们的生命财产安全提供了重要保障。

【知识目标】

（1）理解火焰传感器的基本原理。
（2）了解火焰传感器的基本结构。
（3）熟悉火焰传感器的类型和应用。
（4）了解火焰传感器的技术发展动态。

【能力目标】

（1）掌握火焰传感器的基本原理、结构及检测方法。

（2）掌握火焰传感器的操作和维护方法。
（3）掌握火焰传感器的技术参数和应用方法。
（4）掌握 YL-38 芯片 GPIO 的配置方法。
（5）掌握 CC2530 对 YL-38 芯片的编程技术。
（6）培养跨学科的综合能力，将火焰传感器技术与其他领域如物理、化学、电子工程等相结合。

素质目标

（1）培养社会责任心和环保意识。
（2）培养沟通能力及团队协作精神。

6.1 项目导学 火焰传感器模块

火焰传感器模块如图 2.6.1 所示，能够检测到 760～1 100 nm 波长范围内的火源或其他光源。其工作原理主要基于红外线对火焰的敏感性。它使用特制的红外线接收管来检测火焰，并将火焰的亮度变化转化为电平信号。这些信号随后被输入中央处理器中，中央处理器根据信号的变化做出相应的程序处理。

图 2.6.1 火焰传感器模块

该模块的特点如下：
（1）工作电压：通常为 DC 3.3～5 V，适用于多种电子设备。
（2）灵敏度：可以通过可调电位器调整，以适应不同的检测需求。
（3）工作温度：一般在 -10～50 ℃ 范围内，适用于多种环境条件。

（4）探测角度：大约60°，对火焰光谱特别灵敏。

火焰传感器模块通过与 CC2530 芯片配合，可以实现对传感器数据的读取和处理，进而实现更复杂的功能，如火灾报警或机器人寻找火源等。

6.2 项目知识

6.2.1 YL-38 火焰传感器的原理

火焰传感器的工作原理：

（1）通过检测火焰产生的特定波长的光线来确定火焰存在与否。

（2）通过将外界红外光的强弱变化转化为电流的变化，再通过模数转换器（A/D 转换器）反映为数值的变化，从而实现对火焰的检测。

（3）根据光电效应，当火焰燃烧时，会产生特定波长的光线，即"火焰光谱"。这些光线可以被光电传感器捕捉并转换成电信号，进而通过电路处理和分析来检测火焰的存在。

综上所述，火焰传感器的工作原理是通过对火焰产生的特定波长光线的检测和分析来实现的，这些技术的应用使得火焰传感器在火灾预警、环境监测等领域发挥着重要作用。

6.2.2 YL-38 火焰传感器的组成

火焰传感器模块主要由红外线接收管、电位器、比较器等组成。以下是对各个组成部分的详细介绍：

（1）红外线接收管：这是火焰传感器的核心部件，它能够检测到 760～1 100 nm 波长范围内的红外光。

（2）电位器：用于调整传感器的灵敏度，以便根据实际需要调整传感器对火焰的检测灵敏度。

（3）比较器：通常使用宽电压 LM393 比较器，负责处理接收到的信号并输出数字信号或模拟信号。

此外，火焰传感器模块还可以根据不同的应用需求，选择不同的输出形式，如数字开关量输出或模拟信号输出。通过这些组成部分的协同工作，火焰传感器模块能够有效地检测到火焰或其他热源，并在检测到火焰时输出相应的信号。

6.2.3 YL-38 模块接线及使用说明

YL-38 模块的接口说明（4 线制）如表 2.6.1 所示。

表 2.6.1 火焰传感器模块引脚说明

引脚名	说　明
VCC	外接 3.3～5 V 电压（可以直接与 5 V 单片机和 3.3 V 单片机相连）
GND	外接 GND
DO	数字量输出接口（0 和 1）
AO	模拟量输出接口

火焰传感器模块引脚连接说明如图 2.6.2 所示。

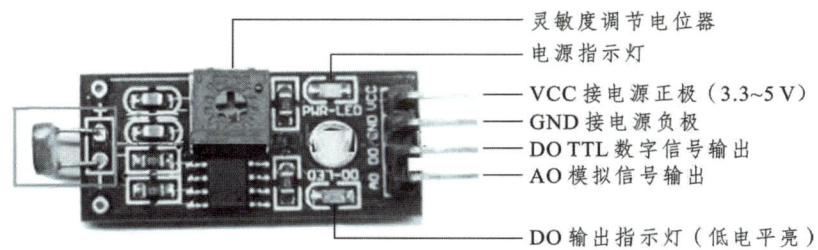

图 2.6.2　火焰传感器模块引脚连接说明

（1）火焰传感器对火焰最敏感，对普通光也有作用，一般用作火焰报警等用途。

（2）模块在环境火焰光谱或者光源达不到设定阈值时，DO 口输出高电平；当外界环境火焰光谱或者光源超过设定阈值时，模块 DO 输出低电平。

（3）模块数字量输出 DO 可以与单片机直接相连，通过单片机来检测高低电平，由此来检测环境的温度改变。

（4）小板数字量输出 DO 可以直接驱动继电器模块，由此可以组成一个火焰开关。

（5）小板模拟量输出 AO 可以和 A/D 模块相连，通过 A/D 转换，可以获得环境温度更精准的数值。

6.3　项目实训　火焰传感器数据采集软硬件设计

6.3.1　火焰传感器数据采集硬件设计

1. 火焰传感器模块电路（见图 2.6.3）

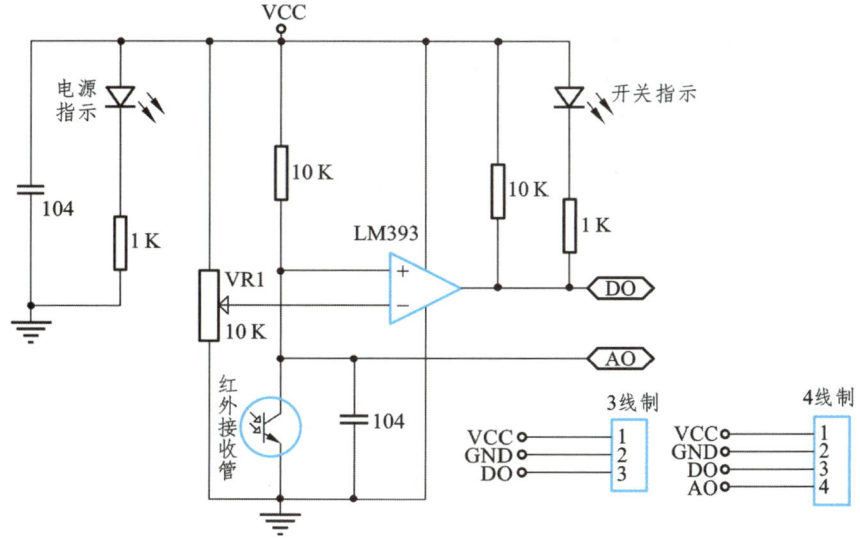

图 2.6.3　火焰传感器模块电路

2. 火焰传感器模块原理图（见图2.6.4）

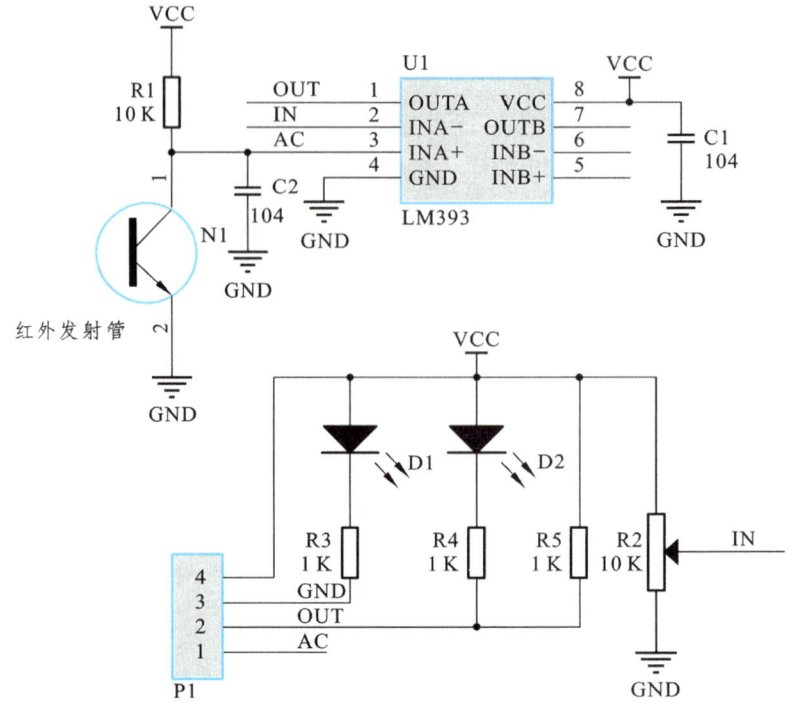

图2.6.4 火焰传感器模块原理图

3. 火焰传感器模块PCB图（见图2.6.5）

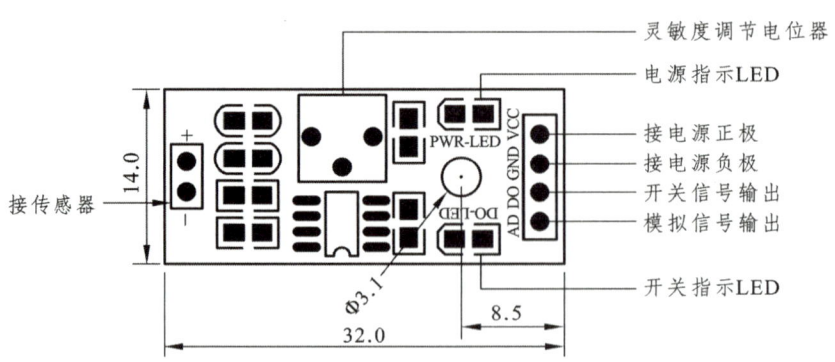

图2.6.5 火焰传感器模块PCB图（单位：mm）

6.3.2 火焰传感器数据采集软件设计

1. 任务目的

（1）通过实验掌握CC2530芯片GPIO的配置方法。
（2）掌握YL-38火焰传感器模块的使用。

2. 任务设备

（1）硬件：计算机一台、ZB2530（底板、核心板、仿真器、USB 线）一套、YL-38 火焰传感器模块一个。

（2）软件：2000/XP/Win7 系统，IAR8.10 集成开发环境、串口助手。

3. 程序设计

（1）程序界面如图 2.6.6 所示。

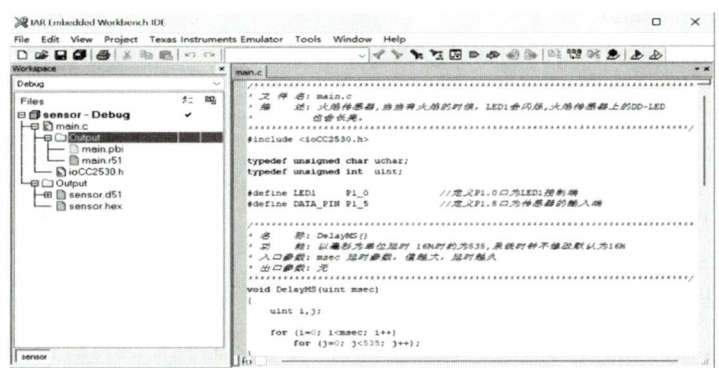

图 2.6.6　程序界面

（2）程序流程如图 2.6.7 所示。

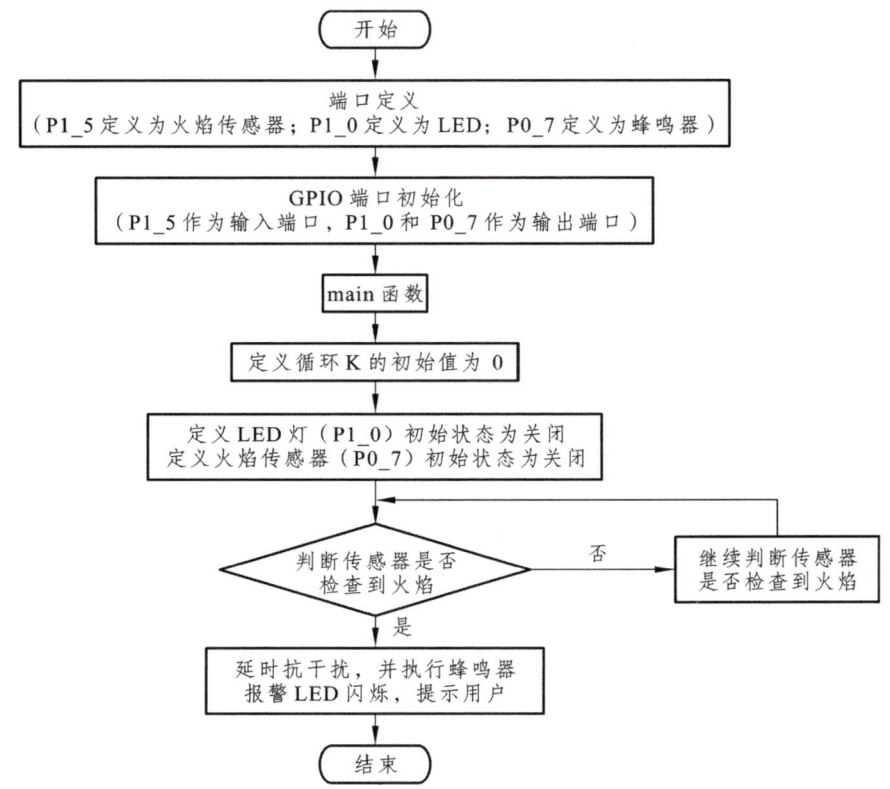

图 2.6.7　火焰传感器模块主程序流程

（3）主程序代码如下：

```c
/******************************************************************
 * 文 件 名：main.c
 * 描    述：火焰传感器，当有火焰的时候，LED1 会闪烁，火焰传感器上的 DD-LED
 *           也会长亮。
 ******************************************************************/
#include <ioCC2530.h>

typedef unsigned char uchar;
typedef unsigned int   uint;

#define LED1      P1_0            //定义 P1.0 口为 LED1 控制端
#define DATA_PIN P1_5             //定义 P1.5 口为传感器的输入端
/******************************************************************
 * 名    称：DelayMS()
 * 功    能：以毫秒为单位延时 16 M 时约为 535，系统时钟不修改默认为 16 M
 * 入口参数：msec 延时参数，值越大，延时越久
 * 出口参数：无
 ******************************************************************/
void DelayMS(uint msec)
{
    uint i,j;

    for (i=0; i<msec; i++)
        for (j=0; j<535; j++);
}

/******************************************************************
 * 名    称：InitGpio()
 * 功    能：设置 LED 灯和 MQ2 相应的 IO 口
 * 入口参数：无
 * 出口参数：无
 ******************************************************************/
void InitGpio(void)
{
    P1DIR |= 0x01;                //P1.0 定义为输出口
    //初始化 DO 口
    P1DIR &= ~0x20;               //P1.5 定义为输入口

    //P07 用于接蜂鸣器
    P0DIR |= 0x80;                //P07 定义为输出口
}

void main(void)
{
    uint i=0;
```

```
    InitGpio();                      //设置 LED 灯和 MQ2 相应的 IO 口

    while(1)                         //无限循环
    {
        LED1 = 1;                    //熄灭 P1.0 口灯
        if(DATA_PIN == 0)            //当浓度高于设定值时，执行条件函数
        {
            DelayMS(10);             //延时抗干扰
            if(DATA_PIN == 0)        //确定 浓度高于设定值时，执行条件函数
            {
                for (i=0; i<10; i++)
                {
                    P0_7=!P0_7;//蜂鸣器报警
                    LED1 = ~LED1; //闪烁 LED1，提示用户
                    DelayMS(100);
                }
            }
        }
    }
}
```

4. 程序下载界面（见图 2.6.8）

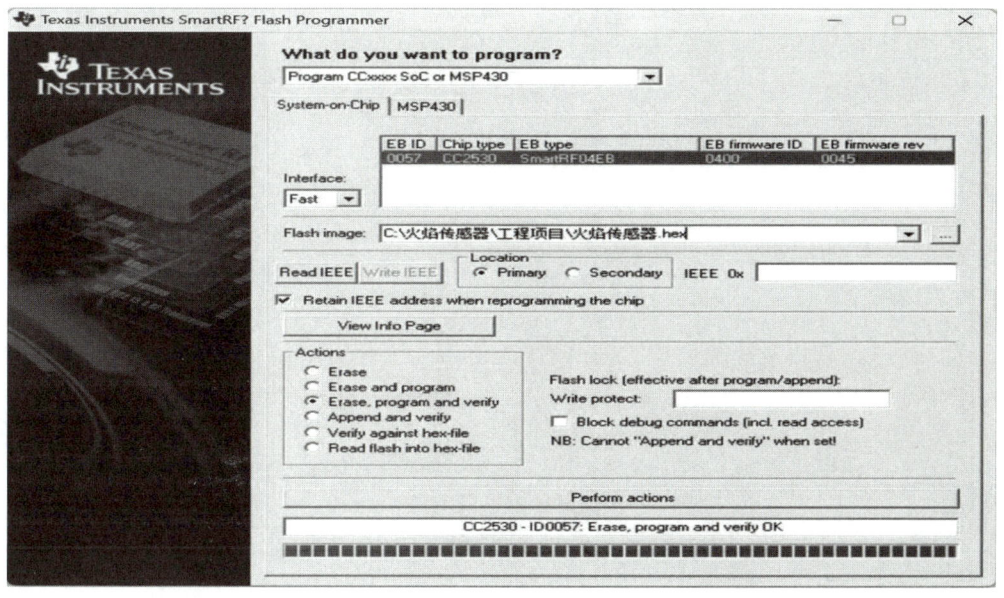

图 2.6.8　程序下载界面

5. 项目实现结果

蜂鸣器报警，LED 闪烁，提示用户，如图 2.6.9 所示。

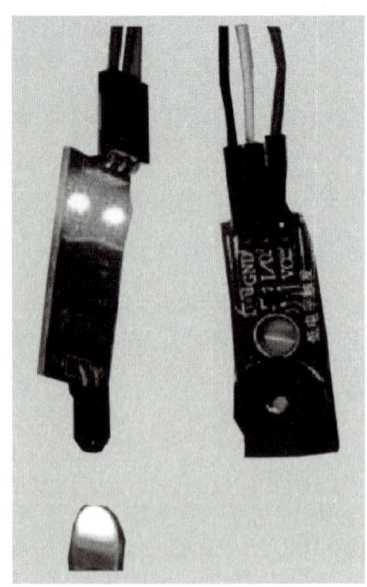

图 2.6.9　程序下载界面

项目七　压力传感器数据采集与应用

【项目导入】

压力传感器是一种将压力信号转换为电信号的输出设备，它在许多领域都有广泛的应用。

（1）工业自动化：在生产线上，压力传感器用于监控过程中的压力，确保产品质量和生产安全。例如，在石油和天然气行业，压力传感器用于监测管道压力，以防止泄漏和爆炸事故。

（2）医疗健康：压力传感器在医疗设备中的应用也非常广泛，如在呼吸机中监测和调节氧气压力，或在手术中使用的血液透析机中监控压力。

（3）航空航天：在飞机和太空探测器上，压力传感器用于监测环境压力，从而维持舱内适宜的生存环境。

（4）汽车工业：现代汽车中的多种安全系统，如防抱死刹车系统（ABS）和电子稳定程序（ESP），都依赖于压力传感器来正常工作。

（5）消费电子：在智能手机和平板电脑中，压力传感器用于提供高度计功能，以及与位置和高度相关的其他服务。

（6）气象学：气象站使用压力传感器来预测天气变化，因为大气压力的变化通常与天气条件有关。

（7）水处理和污水处理：在这些应用中，压力传感器用于监测液体流动和过滤系统中的压力差。

（8）运动科学：在体育训练和康复中，压力传感器可以分析运动员的运动表现，从而改进运动员的训练方法。

（9）机器人技术：在机器人技术中，压力传感器用于提供触觉反馈，使机器人能够感知和适应其操作环境。

总的来说，压力传感器是一种重要的工业传感器，它通过将压力信号转换为电信号，使得压力的测量和控制变得可能。在选择压力传感器时，需要考虑其性能特点、适用范围以及与系统的兼容性，以确保传感器能够在特定的应用环境中提供准确可靠的数据。

知识目标

（1）了解什么是压力传感器。
（2）熟悉不同种类的压力传感器，并了解它们的工作原理和特点。
（3）熟悉平行梁称重传感器的工作原理。

（4）了解 HX711A/D 转换器芯片的基本原理。
（5）学习 HX711A/D 转换器芯片的数据接口和信号处理技术。
（6）认识压力传感器在实际应用中的典型电路设计和系统集成方法。

能力目标

（1）能够根据实际需求选择合适的压力传感器。
（2）掌握 HX711 芯片 GPIO 的配置方法。
（3）掌握 HX711A/D 转换器芯片的使用。
（4）掌握 HX711A/D 转换器芯片的数据采集和处理。
（5）能够搭建简单的压力传感测试系统。
（6）能够阅读和理解相关技术文档，记录实验结果，并撰写技术报告。

素质目标

（1）培养良好的职业道德。
（2）培养谦虚好学的精神。

7.1 项目导学 压力传感器模块

本项目以平行梁称重传感器与 HX711 A/D 转换器为例进行压力传感器模块的设计，如图 2.7.1 所示。压力传感模块可以看成由三个部分组成：压力传感器、电压放大器、A/D 转换芯片。

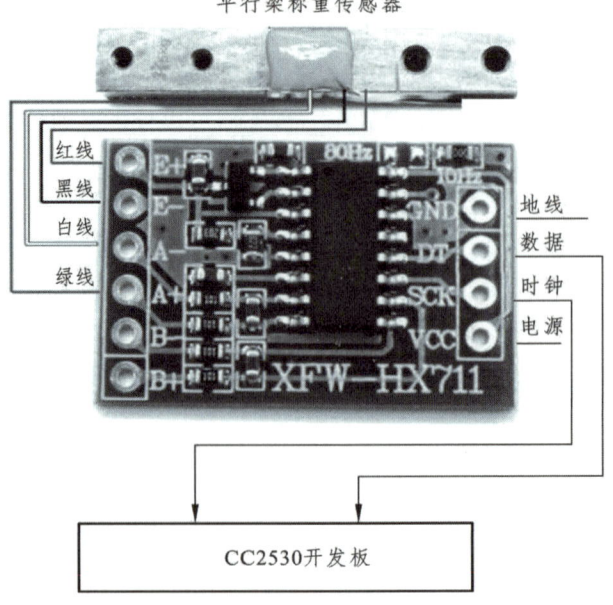

图 2.7.1 压力传感器模块

平行梁称重传感器是双孔悬臂平行梁应变式称重传感器，一般用于实验电子秤、邮政电子秤、厨房电子秤等。它的特点是：精度高、易加工、结构简单紧凑、抗偏载能力强、固有频率高，其典型结构如图 2.7.2 所示。

图 2.7.2　平行梁称重传感器

7.2　项目知识

7.2.1　HX711 芯片原理

HX711 采用了海芯科技集成电路专利技术，是一款专为高精度电子秤而设计的 24 位 A/D 转换器芯片，如图 2.7.3 所示。

图 2.7.3　平行梁称重传感器模块

与同类型其他芯片相比，HX711 芯片集成了包括稳压电源、片内时钟振荡器等其他同类型芯片所需要的外围电路，具有集成度高、响应速度快、抗干扰性强等优点。该芯片与后端 MCU 芯片的接口和编程非常简单，所有控制信号由管脚驱动，无须对芯片内部的寄存器编程。输入选择开关可任意选取通道 A 或通道 B，与其内部的低噪声可编程放大器相连。通道 A 的可编程增益为 128 或 64，对应的满额度差分输入信号幅值分别为±20 mV 或±40 mV。通道 B 则为固定的 32 增益，用于系统参数检测。芯片内提供的稳压电源可以直接向外部传感器和芯片内的 A/D 转换器提供电源，系统板上无须另外的模拟电源。芯片内的时钟振荡器不需要任何外接器件。上电自动复位功能简化了开机的初始化过程。

7.2.2 平行梁称重传感器的原理

应变式压力传感器的受力工作原理如图 2.7.4 所示。

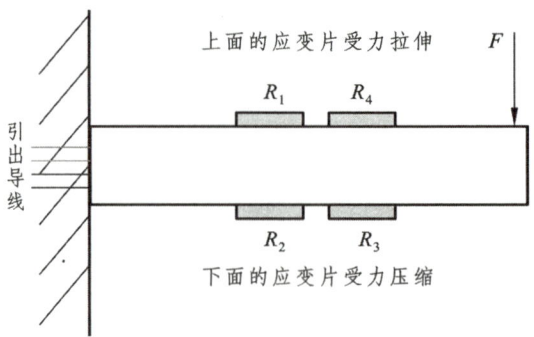

图 2.7.4　应变式压力传感器的受力工作原理

将应变片粘贴到受力的力敏型弹性元件上，当弹性元件受力产生变形时，应变片产生相应的应变，转化成电阻的变化。将应变片接成如图 2.7.5 所示的电桥，力引起的电阻变化将转换为测量电路的电压变化，通过测量输出电压的数值，再通过换算即可得到所测量物体的质量。

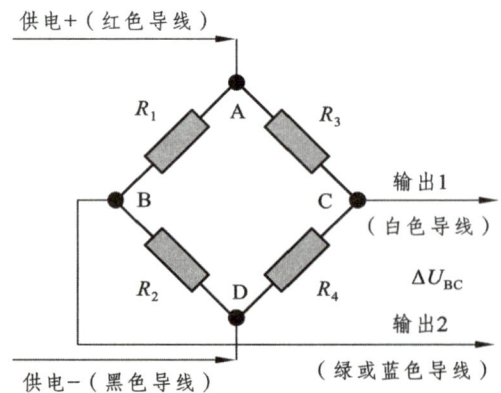

图 2.7.5　平行梁称重传感器测量原理

电桥的四个臂上接工作应变片，都参与机械变形，同处一个温度场，温度影响相互抵消，电压输出灵敏度高。当 4 个应变片的材料、阻值都相同时，可推导出以下公式：

$$\Delta U_{BC} = \frac{EK}{4}(\varepsilon_1 - \varepsilon_2 + \varepsilon_3 - \varepsilon_4) = \frac{EK}{4} 4\varepsilon_1$$

平行梁式称重传感器使用时要按悬臂梁方式安装。传感器的变形量是很小的，在安装、使用过程中要特别注意，不要超载。如果在外力撤除后不能恢复原状，发生塑性变形，则传感器已损坏。传感器有四根线连接外电路，红线为电源正极输入，黑线为电源负极输入，白线为信号输出 1，蓝（或绿）线为信号输出 2。为保证精度，不可随意调整线长。

7.2.3 HX711 芯片的特点

HX711 芯片电路原理如图 2.7.6 所示，其特点为：

（1）两路可选择差分输入。
（2）片内低噪声可编程放大器，可选增益为 64 和 128。
（3）片内稳压电路可直接向外部传感器和芯片内 A/D 转换器提供电源。
（4）片内时钟振荡器无须任何外接器件，必要时也可使用外接晶振或时钟。
（5）上电自动复位电路。
（6）简单的数字控制和串口通信：所有控制由管脚输入，芯片内寄存器无须编程。
（7）可选择 10 Hz 或 80 Hz 的输出数据速率。
（8）同步抑制 50 Hz 和 60 Hz 的电源干扰。
（9）耗电量（含稳压电源电路）：典型工作电流<1.7 mA，断电电流<1 μA。
（10）工作电压范围：2.6 ~ 5.5 V。
（11）工作温度范围：−20 ~ 85 ℃。
（12）16 管脚的 SOP-16 封装。

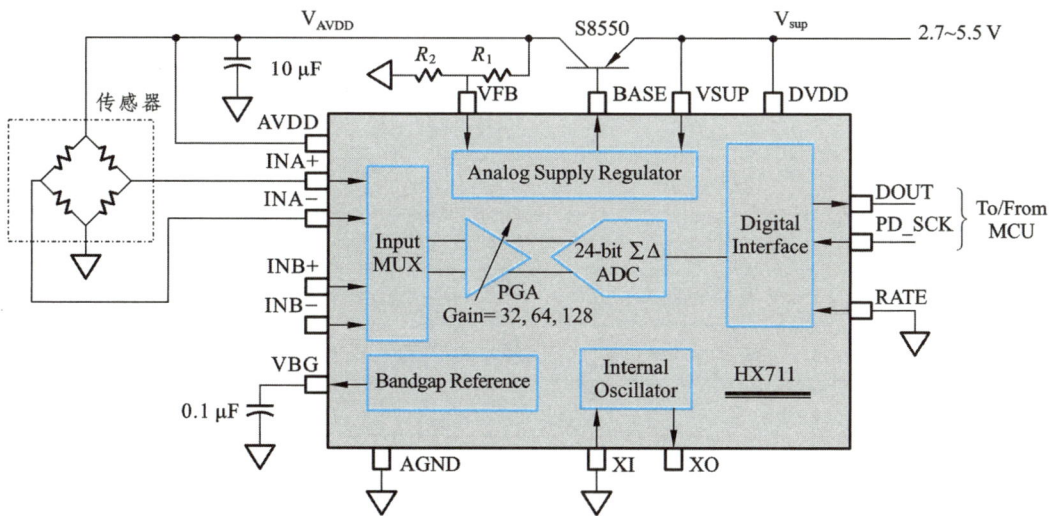

图 2.7.6　HX711 芯片电路原理图

7.2.4 HX711 管脚说明

HX711 管脚如图 2.7.7 所示。

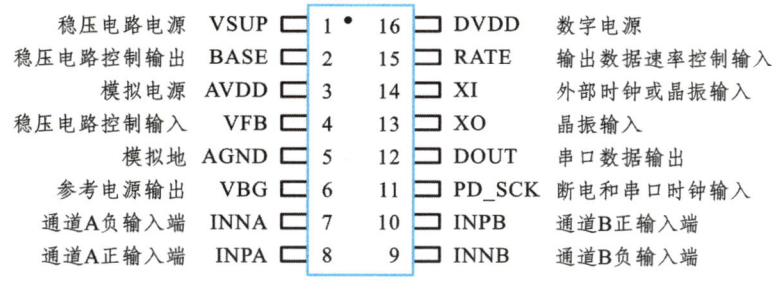

图 2.7.7　HX711 管脚

HX711管脚描述如表2.7.1所示。

表 2.7.1　HX711 管脚描述

管脚号	名称	性能	描　　述
1	VSUP	电源	稳压电路供电电源：2.6~5.5 V
2	BASE	模拟输出	稳压电路控制输出（不用稳压电路时为无连接）
3	AVDD	电源	模拟电源：2.6~5.5 V
4	VFB	模拟输入	稳压电路控制输入（不用稳压电路时应接地）
5	AGND	地	模拟地
6	VBG	模拟输出	参考电源输出
7	INA−	模拟输入	通道 A 负输入端
8	INA+	模拟输入	通道 A 正输入端
9	INB−	模拟输入	通道 B 负输入端
10	INB+	模拟输入	通道 B 正输入端
11	PD_SCK	数字输入	断电控制（高电平有效）和串口时钟输入
12	DOUT	数字输出	串口数据输出
13	XO	数字输入输出	晶振输入（不用晶振时为无连接）
14	XI	数字输入	外部时钟或晶振输入，0 为使用片内振荡器
15	RATE	数字输入	输出数据速率控制，0 为 10 Hz，1 为 80 Hz
16	DVDD	电源	数字电源：2.6~5.5 V

7.2.5　主要电气参数（见表 2.7.2）

表 2.7.2　HX711 电气参数

参数	条件及说明	最小值	典型值	最大值	单位
满额度差分输入范围	V(inp) ~ V(inn)		±0.5（AVDD/GAIN）		V
有效位数（Effective Number of Bits)[1]	增益=128，速率=10 Hz		19.7		b
无噪声位数（Noise FreeBits)[2]	增益=128，速率=10 Hz		17.3		b
积分非线性（INL）	满量程的百分比		±0.001		%of FSR
输入共模电压范围		AGND+1.2		AVDD−1.3	V

续表

参数	条件及说明	最小值	典型值	最大值	单位
输出数据速率	使用片内振荡器，RATE=0		10		Hz
	使用片内振荡器，RATE=DVDD		80		
	外部时钟或晶振，RATE=0		f_{clk}/1 105 920		
	外部时钟或晶振，RATE=DVDD		f_{clk}/138 240		
输出数据编码	二进制补码	800000		7FFFFF	HEX
输出稳定时间[3]	RATE=0		400		ms
	RATE=DVDD		50		
输入零点漂移	增益=128		0.1		mV
	增益=64		0.2		mV
输入噪声	增益=128，RATE=0		50		nV(rms)
	增益=128，RATE=DVDD		90		
温度系数	输入零点漂移（增益=128）		±12		nV/℃
	增益漂移（增益=128）		±7		ppm/℃
输入共模信号抑制比	增益=128，RATE=0		100		dB
电源干扰抑制比	增益=128，RATE=0		100		dB
输出参考电压（V_{BG}）			1.25		V
外部时钟或晶振频率		1	11.059 2	20	MHz
电源电压	DVDD	2.6		5.5	V
	AVDD，VSUP	2.6		5.5	
模拟电源电流（含稳压电路）	正常工作		1 500		μA
	断电		0.5		
数字电源电流	正常工作		100		μA
	断电		0.2		

（1）有效位数 ENBs（Effective Number of Bits）=ln(FSR/RMS Noise)/ln(2)。FSR 为满量程输入或输出，RMS Noise 为对应的输入或输出噪声有效值。

（2）无噪声位数（Noise-Free Bits）=ln(FSR/Peak-to-Peak Noise)/ln(2)。FSR 为满量程输入或输出，Peak-to-Peak Noise 为对应的输入或输出噪声峰-峰值。

（3）输出稳定时间指从上电、复位、输入通道或增益改变到有效的稳定输出数据时间。

7.2.6 模拟输入

通道 A 模拟差分输入可直接与桥式传感器的差分输出相接。由于桥式传感器输出的信号较小，为了充分利用 A/D 转换器的输入动态范围，该通道的可编程增益较大，为 128 或 64。这些增益所对应的满量程差分输入电压分别为±20 mV 或±40 mV。通道 B 为固定的 32 增益，所对应的满量程差分输入电压为±80 mV。通道 B 应用于包括电池在内的系统参数检测。

7.2.7 供电电源

数字电源（DVDD）应使用与 MCU 芯片相同的数字供电电源。

HX711 芯片内的稳压电路可同时向 A/D 转换器和外部传感器提供模拟电源。稳压电源的供电电压（VSUP）可与数字电源（DVDD）相同。稳压电源的输出电压值（VAVDD）由外部分压电阻 R_1、R_2 和芯片的输出参考电压 VBG 决定，VAVDD=VBG(R_1+R_2)/R_2。应选择该输出电压比稳压电源的输入电压（VSUP）低至少 100 mV。

如果不使用芯片内的稳压电路，管脚 VSUP 应连接到 DVDD 或 AVDD 中电压较高的一个管脚上。管脚 VBG 上不需要外接电容，管脚 VFB 应接地，管脚 BASE 为无连接。

7.2.8 时钟选择

如果将管脚 XI 接地，HX711 将自动选择使用内部时钟振荡器，并自动关闭外部时钟输入和晶振的相关电路。这种情况下，典型输出数据速率为 10 Hz 或 80 Hz。

如果需要准确地输出数据速率，可将外部输入时钟通过一个 20 pF 的隔直电容连接到 XI 管脚上，或将晶振连接到 XI 和 XO 管脚上。这种情况下，芯片内的时钟振荡器电路会自动关闭，晶振时钟或外部输入时钟电路被采用。此时，若晶振频率为 11.059 2 MHz，输出数据速率为准确的 10 Hz 或 80 Hz。输出数据速率与晶振频率以上述关系按比例增加或减少。使用外部输入时钟时，外部时钟信号不一定需要为方波。可将 MCU 芯片的晶振输出管脚上的时钟信号通过 20 pF 的隔直电容连接到 XI 管脚上，作为外部时钟输入。外部时钟输入信号的幅值可低至 150 mV。

7.2.9 串口通信

串口通信线由管脚 PD_SCK 和 DOUT 组成，用来输出数据，选择输入通道和增益。

数据输出管脚 DOUT 为高电平时，表明 A/D 转换器还未准备好输出数据，此时串口时钟输入信号 PD_SCK 应为低电平。当 DOUT 从高电平变为低电平后，PD_SCK 应输入 25~27 个时钟脉冲。其中第一个时钟脉冲的上升沿将读出输出 24 位数据的最高位（MSB），直至第 24 个时钟脉冲完成，24 位输出数据从最高位至最低位逐位输出完成。第 25~27 个时钟脉冲用来选择下一次 A/D 转换的输入通道和增益，如表 2.7.3 所示。

表 2.7.3 输入通道和增益选择

PD_SCK 脉冲数	输入通道	增益
25	A	128
26	B	32
27	A	64

PD_SCK 的输入时钟脉冲数不应少于 25 或多于 27，否则会造成串口通信错误。

当 A/D 转换器的输入通道或增益改变时，A/D 转换器需要 4 个数据输出周期才能稳定。DOUT 在 4 个数据输出周期后才会从高电平变为低电平，输出有效数据，如图 2.7.8 所示。

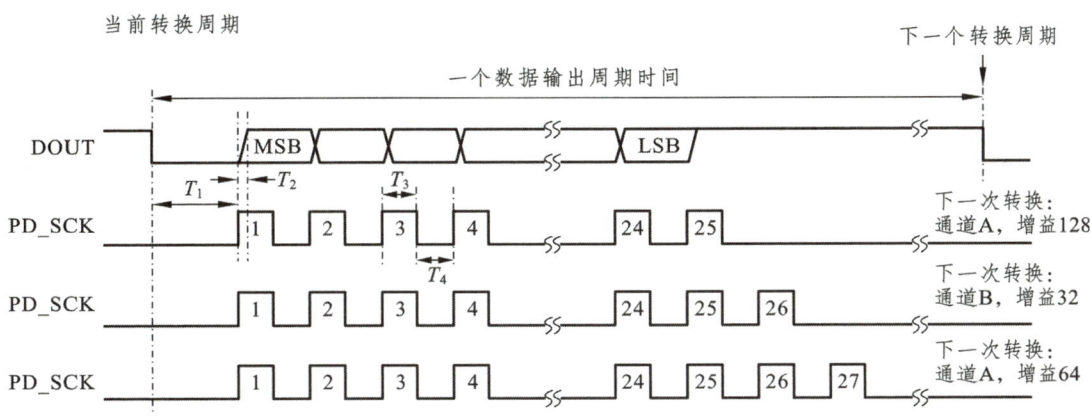

图 2.7.8 时序图

电平参数如表 2.7.4 所示。

表 2.7.4 电平参数

符号	说　明	最小值	最大值	单位
T_1	DOUT 下降沿到 PD_SCK 脉冲上升沿	0.1		μs
T_2	PD_SCK 脉冲上升沿到 DOUT 数据有效		0.1	μs
T_3	PD_SCK 正脉冲电平时间	0.2	50	μs
T_4	PD_SCK 负脉冲电平时间	0.2		μs

当芯片上电时，芯片内的上电自动复位电路会使芯片自动复位。

管脚 PD_SCK 输入用来控制 HX711 的断电。当 PD_SCK 为低电平时，芯片处于正常工作状态。如果 PD_SCK 从低电平变为高电平并保持在高电平超过 60 μs，HX711 即进入断电状态。如使用片内稳压电源电路，断电时，外部传感器和片内 A/D 转换器会被同时断电。当 PD_SCK 重新回到低电平时，芯片会自动复位后进入正常工作状态。芯片从复位或断电状态进入正常工作状态后，通道 A 和增益 128 会被自动选择作为第一次 A/D 转换的输入通道和增益。随后的输入通道和增益选择由 PD_SCK 的脉冲数决定。

芯片从复位或断电状态进入正常工作状态后，A/D 转换器需要 4 个数据输出周期才能稳定。DOUT 在 4 个数据输出周期后才会从高电平变为低电平，输出有效数据。

7.3 项目实训 压力传感器数据采集软硬件设计

7.3.1 压力传感器数据采集硬件设计

1. 桥式压力传感器+HX711 原理图（见图 2.7.9）

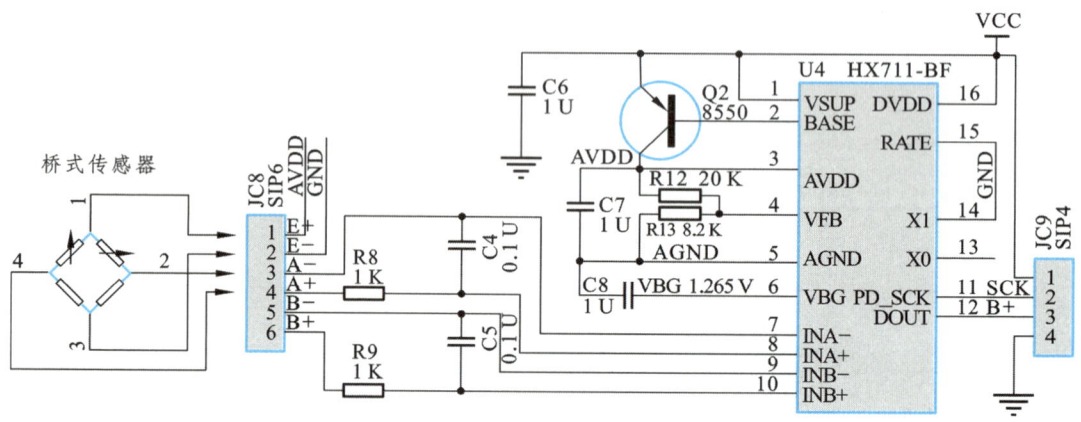

图 2.7.9 桥式压力传感器+HX711 电路原理图

2. HX711 相关部分线路图设计（见图 2.7.10）

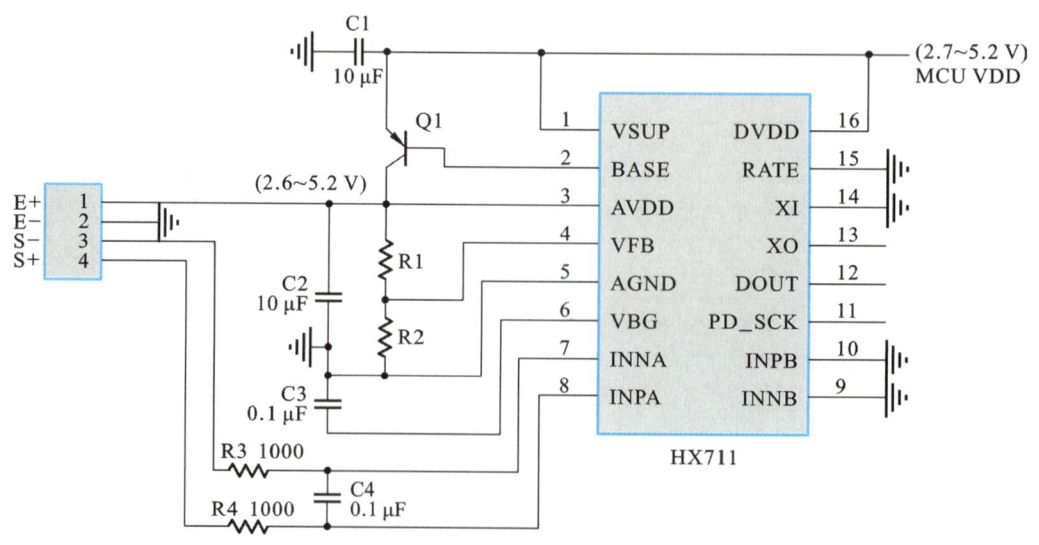

图 2.7.10 外围电路设计

3. 硬件模块尺寸（见图 2.7.11）

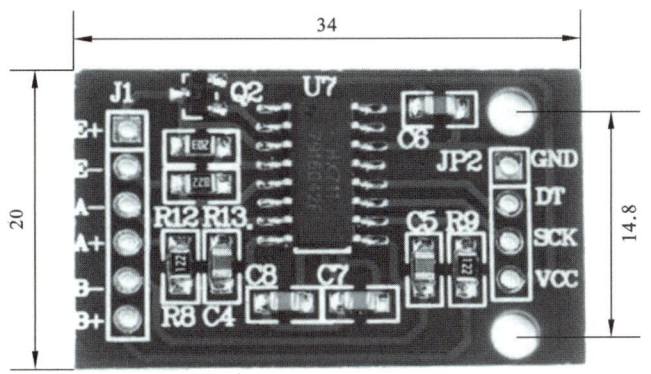

图 2.7.11　HX711 模块尺寸（单位：mm）

4. PCB 板参考设计（见图 2.7.12）

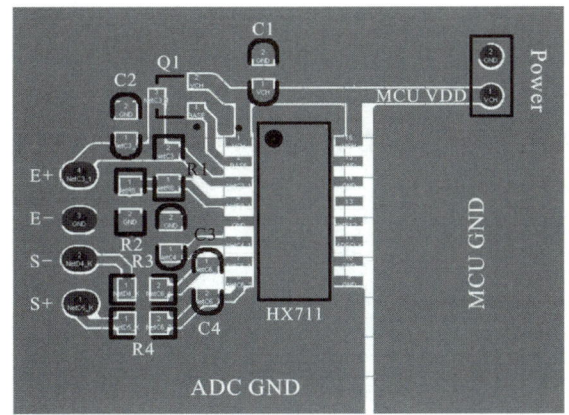

图 2.7.12　PCB 图

5. HX711 计重秤应用参考电路（见图 2.7.13）

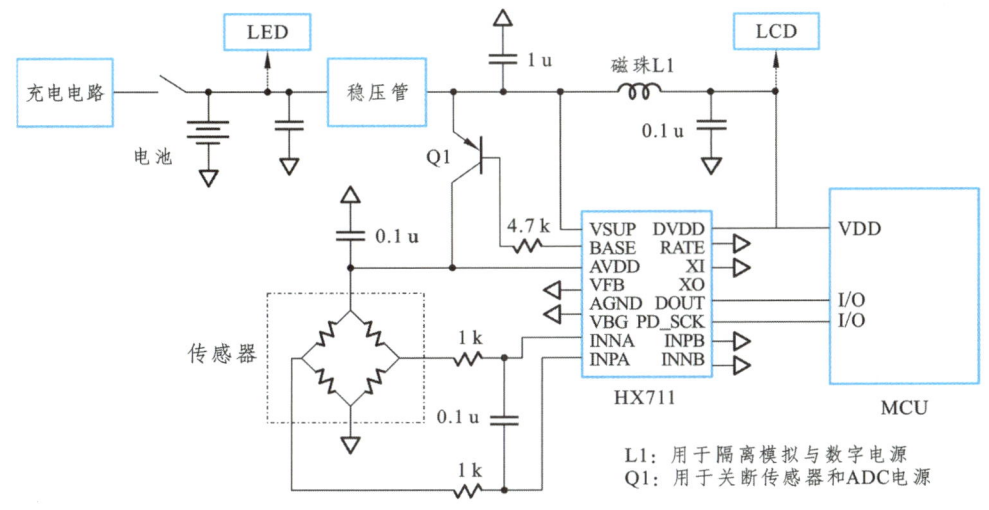

图 2.7.13　HX711 计重秤电路

7.3.2 压力传感器数据采集软件设计

1. 任务目的

（1）掌握 HX711 芯片 GPIO 的配置方法。
（2）掌握压力传感器的使用。

2. 任务设备

（1）硬件：计算机一台、ZB2530（底板、核心板、仿真器、USB 线）一套、压力传感器一个，HX711 一个。
（2）软件：2000/XP/Win7 系统，IAR8.10 集成开发环境、串口助手。

3. 程序设计

压力传感器数据采集分为主程序、HX711 数据读取程序和 LCD 显示子程序。
（1）程序界面如图 2.7.14 所示。

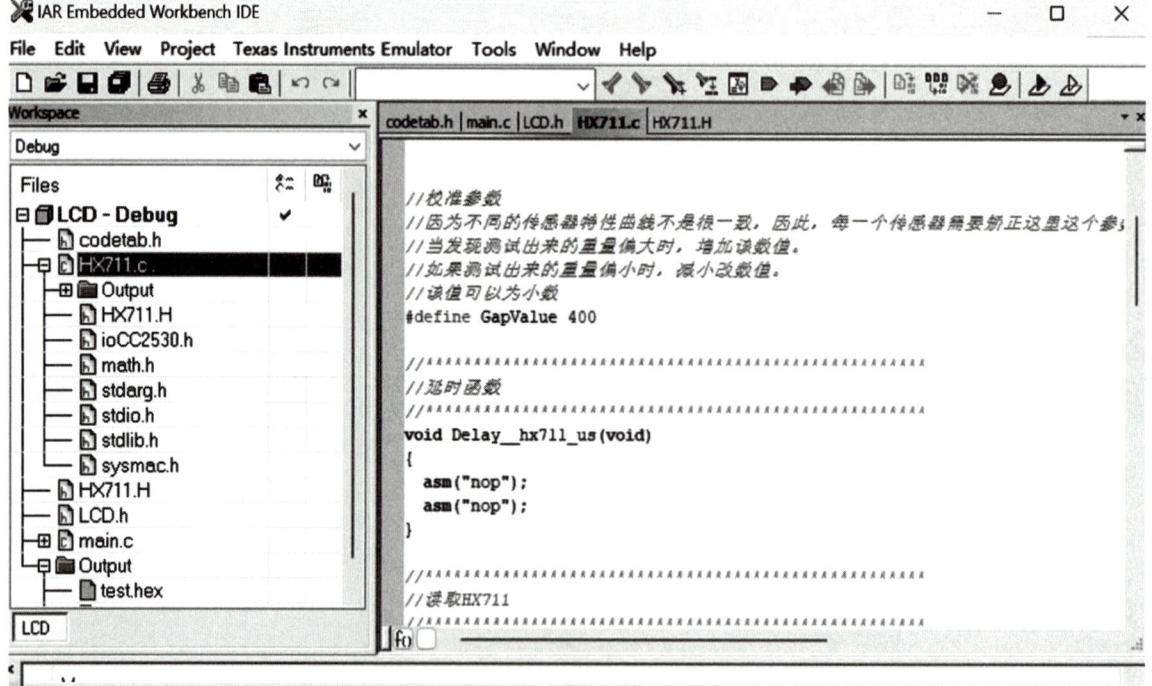

图 2.7.14　程序界面

（2）主程序流程如图 2.7.15 所示。

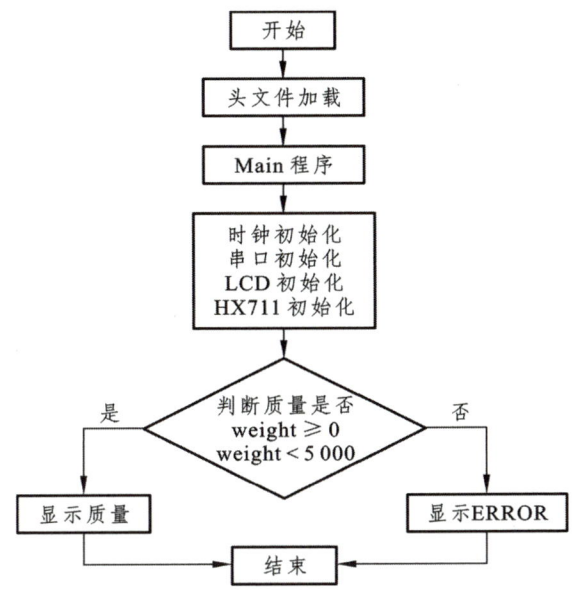

图 2.7.15　主程序流程

（3）主程序代码如下：

```
/***********************************************
 * 文  件  名：main.c
 * 描      述：将 HX711 的数据采集
 ***********************************************/
#include <ioCC2530.h>
#include "LCD.h"
#include "HX711.h"
/****************************************************************
 * 名      称：InitCLK()
 * 功      能：设置系统时钟源
 * 入口参数：无
 * 出口参数：无
 ****************************************************************/
void InitCLK()
{
    CLKCONCMD &= ~0x40;              //设置系统时钟源为 32MHz 晶振
    while(CLKCONSTA & 0x40);         //等待晶振稳定为 32M
    CLKCONCMD &= ~0x47;              //设置系统主时钟频率为 32MHz
}
```

```c
/******************************************************************
*  名      称: InitUart()
*  功      能: 串口初始化函数
*  入口参数: 无
*  出口参数: 无
******************************************************************/
void InitUart()
{
    PERCFG = 0x00;              //位置 1 P0 口
    P0SEL = 0x0c;               //P0 用作串口
    P2DIR &= ~0xc0;             //P0 优先作为 UART0
    U0CSR |= 0x80;              //串口设置为 UART 方式
    U0GCR |= 11;
    U0BAUD |= 216;              //波特率设为 115 200
    U0CSR |= 0x40;              //UART 接收器使能
    UTX0IF = 0;                 //UART0 TX 中断标志初始置位 0
}
/******************************************************************
*  名      称: UartSendString()
*  功      能: 串口发送函数
*  入口参数: Data：发送缓冲区    len：发送长度
*  出口参数: 无
******************************************************************/
void UartSendString(char *Data, int len)
{
    int i;
    for(i=0; i<len; i++)
    {
        U0DBUF = *Data++;
        while(UTX0IF == 0);
        UTX0IF = 0;
    }
}

void main()
{
    long weight=0;
```

```
    unsigned char buff[20]={0};

    InitCLK();
    InitUart();
    LCD_Init();
    hx711_init(); //初始化
    while(1)
    {
       weight=Get_Weight(); //称重
        if(weight>=0)
        {
 LCD_TextOut(0, 0, "    电子称");
            sprintf(buff, "weight:%d g    \r\n", weight);
            LCD_TextOut(0, 16, buff);
            UartSendString(buff, strlen(buff));
            LCD_UpdataAll();
            DelayMS(50);
        }
        else
        {
           LCD_Clear();
           LCD_TextOut(0, 32, "ERROR!!");
           LCD_UpdataAll();
           DelayMS(100);
        }
    }
}
```

（4）HX711 头文件数据定义如下：

```
/********************************************
* 文 件 名: HX711.h
********************************************/
#ifndef __HX711_H__
#define __HX711_H__
#include <ioCC2530.h>
//IO 设置
#define HX711_DOUT P0_6
```

```
#define HX711_SCK P0_7

#define DOUT_INPUT    P0DIR &= ~0x40
#define DOUT_OUTPUT P0DIR |= 0x40
//IO 初始化
#define IO_INIT()
do{
    P0SEL &= ~0xC0;
    P0DIR |=0xC0;
    HX711_DOUT = 1;
    HX711_SCK = 1;
}while(0)

//函数或者变量声明
extern void hx711_init();    //初始化
extern long Get_Weight();    //称重


#endif
```

（5）HX711 数据读取流程如图 2.7.16 所示。

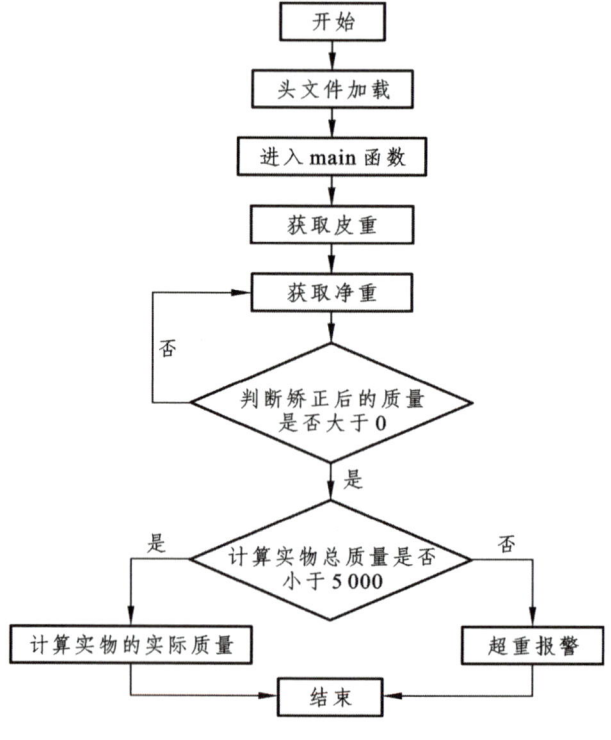

图 2.7.16　HX711　读取数据流程

（6）HX711 数据读取程序代码如下：

```c
/***************************************************
* 文 件 名: HX711.c
* 描    述: 读取 HX711 数据
***************************************************/
#include <ioCC2530.h>
#include  <stdlib.h>
#include  <stdio.h>
#include "HX711.h"
#include "math.h"
unsigned long Weight_Maopi = 0; //皮重
//校准参数
//因为不同的传感器特性曲线不一致，因此，每一个传感器需要校正这个参数才能使测量值准确。
//当发现测试出来的质量偏大时，增加该数值。
//如果测试出来的质量偏小时，减小该数值。
//该值可以为小数
#define GapValue 400
//***************************************************
//延时函数
//***************************************************
void Delay__hx711_us(void)
{
   asm("nop");
   asm("nop");
}


//********读取HX711*****************************
//读取 HX711
//***************************************************
unsigned long HX711_Read(void)  //增益 128
{
   unsigned long count;
   unsigned char i;
   DOUT_OUTPUT;
   HX711_DOUT=1;
   Delay__hx711_us();
   HX711_SCK=0;
```

```
   count=0;
   DOUT_INPUT;
   while(HX711_DOUT);
   for(i=0;i<24;i++)
   {
     HX711_SCK=1;
     count=count<<1;
     HX711_SCK=0;
     if(HX711_DOUT) count++;
   }
   HX711_SCK=1;
   count=count^0x800000;//第 25 个脉冲下降沿来时，转换数据
   Delay__hx711_us();
   HX711_SCK=0;
   return(count);
}

long Get_Weight()
{
   long Weight_Shiwu = HX711_Read();
   Weight_Shiwu = Weight_Shiwu - Weight_Maopi;        //获取净重
   if(Weight_Shiwu > 0)
   {
    Weight_Shiwu = (unsigned int)((float)Weight_Shiwu/GapValue);   //计算实物的实际质量
     if(Weight_Shiwu > 5 000)            //超重报警
      {
        return -1;
      }
     else
      {
        return Weight_Shiwu;
      }
   }
   
   return 0;
}
//**************************************************
```

```
//获取皮重
//***********************************************
void Get_Maopi()
{
    Weight_Maopi = HX711_Read();
}

void hx711_init()
{
    IO_INIT();
    Get_Maopi();
}
```

（7）LCD 数据显示流程如图 2.7.17 所示。

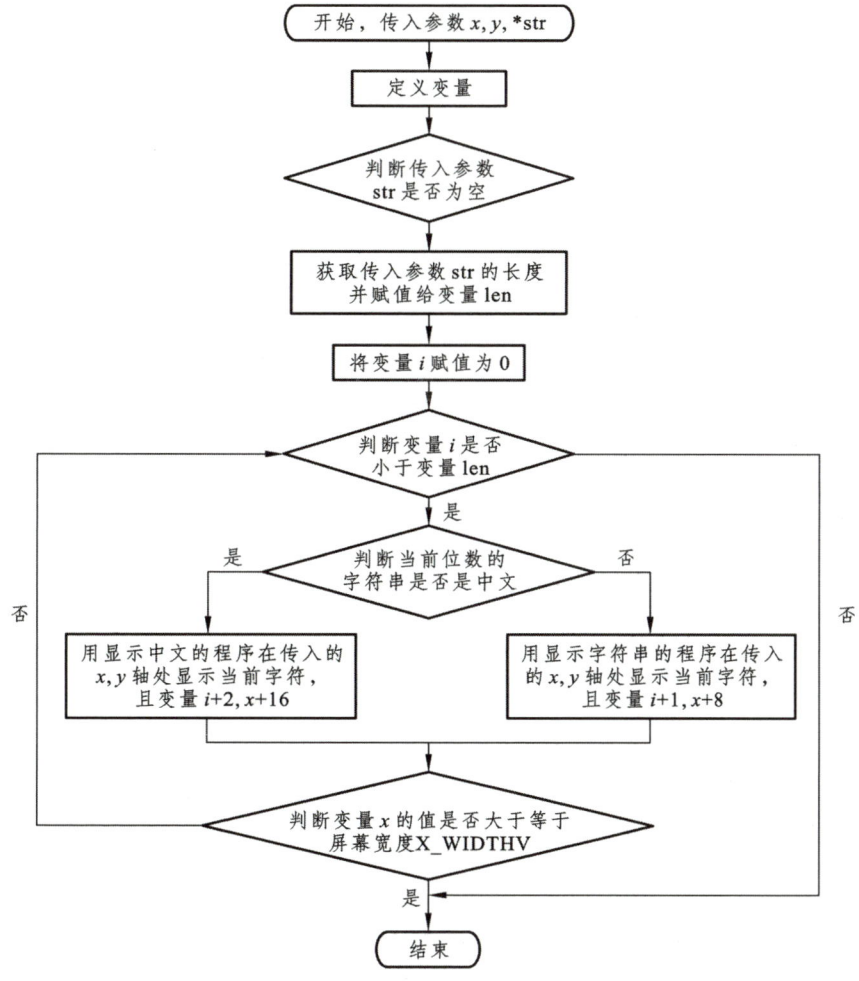

图 2.7.17　LCD 数据显示流程

（8）定义 LCD 显示基本功能程序代码，并封装为.h 文件。

```c
/***************************************************
 * 文 件 名:LCD.h
 ***************************************************/

#include "codetab.h"

#define LCD_SCL P1_2          //SCLK    时钟 D0（SCLK）
#define LCD_SDA P1_3          //SDA     D1（MOSI） 数据
#define LCD_RST P1_7          //_RES    hardware reset    复位
#define LCD_DC   P0_0         //A0   H/L 命令数据选通端，H：数据，L：命令

#define XLevelL         0x00
#define XLevelH         0x10
#define XLevel          ((XLevelH&0x0F)*16+XLevelL)
#define Max_Column      128
#define Max_Row         64
#define Brightness      0xCF
#define X_WIDTH         128
#define Y_WIDTH         64
typedef int             INT;
typedef const char*     LPCSTR;
typedef unsigned char BYTE;
typedef int                     LENGTH;
unsigned char g_LcdBuff[Y_WIDTH/8][X_WIDTH];//LCD 显存的缓冲
//英文编码为 0~127，所以大于 127 的中文
#define IS_CHINESE(x)     (((BYTE)(x))>(BYTE)0x7f )

void DelayMS(unsigned int msec)
{
    unsigned int i,j;

    for (i=0; i<msec; i++)
        for (j=0; j<600; j++);
}

/******************LCD 延时 1 ms****************/
void LCD_DLY_ms(unsigned int ms)
```

```c
{
    unsigned int a;
    while(ms)
    {
        a=1800;
        while(a--);
        ms--;
    }
    return;
}
/******************LCD写数据********************************/
void LCD_WrDat(unsigned char dat)
{
    unsigned char i=8, temp=0;
    LCD_DC=1;
    for(i=0;i<8;i++) //发送一个八位数据
    {
        LCD_SCL=0;

        temp = dat&0x80;
        if (temp == 0)
        {
            LCD_SDA = 0;
        }
        else
        {
            LCD_SDA = 1;
        }
        LCD_SCL=1;
        dat<<=1;
    }
}
/******************LCD写命令********************************/
void LCD_WrCmd(unsigned char cmd)
{
    unsigned char i=8, temp=0;
    LCD_DC=0;
    for(i=0;i<8;i++) //发送一个八位数据
```

```c
        {
            LCD_SCL=0;

            temp = cmd&0x80;
            if (temp == 0)
            {
                LCD_SDA = 0;
            }
            else
            {
                LCD_SDA = 1;
            }
            LCD_SCL=1;
            cmd<<=1;;
        }
}
/******************LCD 设置坐标**********************/
void LCD_Set_Pos(unsigned char x, unsigned char y)
{
    LCD_WrCmd(0xb0+y);
    LCD_WrCmd(((x&0xf0)>>4)|0x10);
    LCD_WrCmd((x&0x0f)|0x01);
}
/******************LCD 全屏**************************/
void LCD_Fill(unsigned char bmp_dat)
{
    unsigned char y,x;
    for(y=0;y<8;y++)
    {
        LCD_WrCmd(0xb0+y);
        LCD_WrCmd(0x01);
        LCD_WrCmd(0x10);
        for(x=0;x<X_WIDTH;x++)
            LCD_WrDat(bmp_dat);
    }
}
/******************LCD 复位****************************/
void LCD_CLS(void)
```

```c
{
    unsigned char y,x;
    for(y=0;y<8;y++)
    {
        LCD_WrCmd(0xb0+y);
        LCD_WrCmd(0x01);
        LCD_WrCmd(0x10);
        for(x=0;x<X_WIDTH;x++)
            LCD_WrDat(0);
    }
}
/******************LCD 初始化******************************/
void LCD_Init(void)
{
    P0SEL &= 0xFE; //让 P0.0 为普通 IO 口,
    P0DIR |= 0x01; //让 P0.0 为输出


    P1SEL &= 0x73; //让 P1.2 P1.3 P1.7 为普通 IO 口
    P1DIR |= 0x8C; //把 P1.2 P1.3 1.7 设置为输出

    LCD_SCL=1;
    LCD_RST=0;
    LCD_DLY_ms(50);
    LCD_RST=1;        //从上电到下面开始初始化要有足够的时间,即等待 RC 复位完毕
    LCD_WrCmd(0xae);//--turn off oled panel
    LCD_WrCmd(0x00);//---set low column address
    LCD_WrCmd(0x10);//---set high column address
    LCD_WrCmd(0x40);//--set start line address  Set Mapping RAM Display Start Line (0x00~0x3F)
    LCD_WrCmd(0x81);//--set contrast control register
    LCD_WrCmd(0xcf);// Set SEG Output Current Brightness
    LCD_WrCmd(0xa1);//--Set SEG/Column Mapping     0xa0 左右反置 0xa1 正常
    LCD_WrCmd(0xc8);//Set COM/Row Scan Direction   0xc0 上下反置 0xc8 正常
    LCD_WrCmd(0xa6);//--set normal display
    LCD_WrCmd(0xa8);//--set multiplex ratio(1 to 64)
    LCD_WrCmd(0x3f);//--1/64 duty
    LCD_WrCmd(0xd3);//-set display offset    Shift Mapping RAM Counter (0x00~0x3F)
    LCD_WrCmd(0x00);//-not offset
```

```c
        LCD_WrCmd(0xd5);//--set display clock divide ratio/oscillator frequency
        LCD_WrCmd(0x80);//--set divide ratio, Set Clock as 100 Frames/Sec
        LCD_WrCmd(0xd9);//--set pre-charge period
        LCD_WrCmd(0xf1);//Set Pre-Charge as 15 Clocks & Discharge as 1 Clock
        LCD_WrCmd(0xda);//--set com pins hardware configuration
        LCD_WrCmd(0x12);
        LCD_WrCmd(0xdb);//--set vcomh
        LCD_WrCmd(0x40);//Set VCOM Deselect Level
        LCD_WrCmd(0x20);//-Set Page Addressing Mode (0x00/0x01/0x02)
        LCD_WrCmd(0x02);//
        LCD_WrCmd(0x8d);//--set Charge Pump enable/disable
        LCD_WrCmd(0x14);//--set(0x10) disable
        LCD_WrCmd(0xa4);// Disable Entire Display On (0xa4/0xa5)
        LCD_WrCmd(0xa6);// Disable Inverse Display On (0xa6/a7)
        LCD_WrCmd(0xaf);//--turn on oled panel
        LCD_Fill(0xff);    //初始清屏
        LCD_Set_Pos(0,0);
    }
    /**************功能描述：显示6*8一组标准ASCII字符串    显示的坐标（x,y），y为页范围0～7***************/
    void LCD_P6x8Str(unsigned char x, unsigned char y,unsigned char ch[])
    {
        unsigned char c=0,i=0,j=0;
        while (ch[j]!='\0')
        {
            c =ch[j]-32;
            if(x>126){x=0;y++;}
            LCD_Set_Pos(x,y);
            for(i=0;i<6;i++)
                LCD_WrDat(F6x8[c][i]);
            x+=6;
            j++;
        }
    }
    /*****************功能描述：显示8*16一组标准ASCII字符串    显示的坐标（x,y），y为页范围0～7***************/
    void LCD_P8x16Str(unsigned char x, unsigned char y,unsigned char ch[])
    {
```

```
        unsigned char c=0,i=0,j=0;
        while (ch[j]!='\0')
        {
            c =ch[j]-32;
            if(x>120){x=0;y++;}
            LCD_Set_Pos(x,y);
            for(i=0;i<8;i++)
                LCD_WrDat(F8X16[c*16+i]);
            LCD_Set_Pos(x,y+1);
            for(i=0;i<8;i++)
                LCD_WrDat(F8X16[c*16+i+8]);
            x+=8;
            j++;
        }
    }
/*****************功能描述：显示 16*16 点阵  显示的坐标（x,y），y 为页范围 0~
7************************/
    /*void LCD_P16x16Ch(unsigned char x, unsigned char y, unsigned char N)
    {
        unsigned char wm=0;
        unsigned int adder=32*N;    //
        LCD_Set_Pos(x , y);
        for(wm = 0;wm < 16;wm++)    //
        {
            LCD_WrDat(F16x16[adder]);
            adder += 1;
        }
        LCD_Set_Pos(x,y + 1);
        for(wm = 0;wm < 16;wm++) //
        {
            LCD_WrDat(F16x16[adder]);
            adder += 1;
        }
    }
    */
/***********功能描述：显示显示 BMP 图片 128×64 起始点坐标(x,y),x 的范围 0～127,
y 为页的范围 0～7*****************/
    void Draw_BMP(unsigned char x0, unsigned char y0,unsigned char x1, unsigned char
```

```
y1,unsigned char BMP[])
{
    unsigned int j=0;
    unsigned char x,y;

    if(y1%8==0) y=y1/8;
    else y=y1/8+1;
    for(y=y0;y<y1;y++)
    {
        LCD_Set_Pos(x0,y);
        for(x=x0;x<x1;x++)
        {
            LCD_WrDat(BMP[j++]);
        }
    }
}

void LCD_FillAll(unsigned char bmp_dat)
{
    unsigned char y,x;
    for(y=0;y<8;y++)
    {
        for(x=0;x<X_WIDTH;x++)
        {
            g_LcdBuff[y][x]=bmp_dat;
        }
    }
}

void LCD_Clear(void)
{
    memset(g_LcdBuff, 0, sizeof(g_LcdBuff));
}

void LCD_UpdataAll()
{
    unsigned char y,x;
    for(y=0;y<8;y++)
```

```
    {
        LCD_WrCmd(0xb0+y);
        LCD_WrCmd(0x01);
        LCD_WrCmd(0x10);
        for(x=0;x<X_WIDTH;x++)
            LCD_WrDat(g_LcdBuff[y][x]);
    }
}

void TextOutChinese(unsigned char x, unsigned char y,unsigned char* chinese)
{
    unsigned char c_index=0;
    unsigned char x_index, y_index, y_offset;
    unsigned char c=0, data, i, j;
    unsigned char* addr=0;

    if(chinese==0) return;

    addr=getChineseCode(chinese);

    //一个汉字 32 个字节
    for(i=0;i<32;i++)
    {
        //取出数据
        data=addr[i];

        //填充 lcdbuff
        for(j=0; j<8; j++)
        {
            y_index=(y+j)/8+i/16;
            y_offset=(y+j)%8;
            x_index=x+i%16;

            if(y_index>=Y_WIDTH || x_index>=X_WIDTH)
            {
                break;
            }
```

```c
            if((data&0x01)==0)
            {
                g_LcdBuff[y_index][x_index] &= ~(1<<y_offset);
            }
            else
            {
                g_LcdBuff[y_index][x_index] |= (1<<y_offset);
            }

            data>>=1;
        }
    }


}

void TextOutAsc(unsigned char x, unsigned char y,unsigned char* asc)
{
    unsigned char c_index=0;
    unsigned char x_index, y_index, y_offset;
    unsigned char c=0, data, i, j;

    y_index=y/8;
    y_offset=y%8;

    if(asc==0) return;

    c =*asc-32;

    //第一行，每个asc16个字节
    for(i=0;i<16;i++)
    {
        //取出数据
        data=F8X16[c*16+i];

        //填充lcdbuff
        for(j=0; j<8; j++)
        {
```

```c
                y_index=(y+j)/8+i/8;
                y_offset=(y+j)%8;
                x_index=x+i%8;

                if(y_index>=Y_WIDTH || x_index>=X_WIDTH)
                {
                    break;
                }

                if((data&0x01)==0)
                {
                    g_LcdBuff[y_index][x_index] &= ~(1<<y_offset);
                }
                else
                {
                    g_LcdBuff[y_index][x_index] |= (1<<y_offset);
                }

                data>>=1;
            }
        }
    }
```

/*****************功能描述：显示 16*16 点阵 显示的坐标（x,y），y 为页范围 0~7************************/

```c
void LCD_TextOut(unsigned char x, unsigned char y, unsigned char* str)
{
    unsigned char len=0;
    unsigned char i=0,j=0,k=0;
    unsigned char* addr=0;

    if(str==0) return;

    len=strlen(str);


    for(i=0; i<len; )
    {
```

```
                if(IS_CHINESE(str[i]))
                {
                        TextOutChinese(x, y, str+i);
                        i+=2;
                        x+=16;
                }
                else
                {
                        TextOutAsc(x, y, str+i);
                        i++;
                        x+=8;
                }

                if(x>=X_WIDTH) return;
        }
}

//图片为水平扫描方式
void LCD_DrawBmp(unsigned char x, unsigned char y)
{
    unsigned char bmp_width=128;    //对应的图片宽度
    unsigned char bmp_height=48;    //对应的图片高度
    unsigned char xx=0,yy=0,zz=0;
    unsigned char x_index=0, y_index=0, y_offset=0; //填充数据时 x 坐标和 Y 坐标的偏移
    unsigned char data=0;
    unsigned int offset=0;
    unsigned char line_byte_count=bmp_width/8;//每一行的字节数

    for(yy=0; yy<bmp_height; yy++)
    {
       for(xx=0; xx<line_byte_count; xx++)
       {
           offset=line_byte_count*yy+xx;
           data=gImage_t[offset];//取出当前偏移的数据

           for(zz=0; zz<8; zz++)
           {
              x_index=x+xx*8+zz;    //计算当前 X 的坐标
```

```
            y_index=(y+yy)/8;      //计算当前 Y 坐标
            y_offset=(y+yy)%8;//Y 坐标偏移


            if(x_index>=X_WIDTH) continue;
            if(y_index>=Y_WIDTH) continue;

            if((data&0x80)==0)
            {
                g_LcdBuff[y_index][x_index] &= ~(1<<y_offset);
            }
            else
            {
                g_LcdBuff[y_index][x_index] |= (1<<y_offset);
            }

              data<<=1;
        }
     }
   }
}
```

4. 项目实现结果

本项目通过压力传感器称重,在 LCD 显示屏上显示质量,如图 2.7.18 所示。

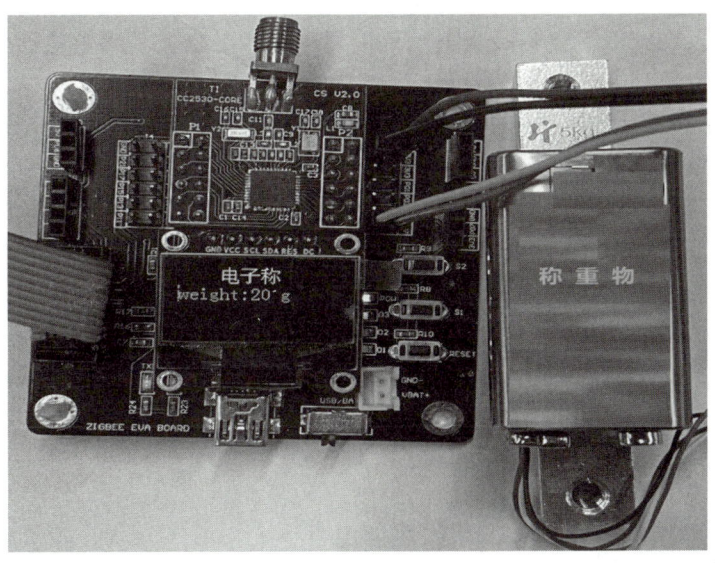

图 2.7.18　项目实物展示

项目八　雨滴传感器数据采集与应用

【项目导入】

雨滴传感器的应用领域非常广泛，主要包括以下几个方面：

（1）汽车工业：雨滴传感器在汽车行业中被广泛应用于自动刮水系统、智能灯光系统和智能天窗系统等。它们能够检测出雨量，并根据雨量大小自动调整刮水器的速度，以确保驾驶员的视线清晰。

（2）智能家居：在智能家居领域，雨滴传感器可被用于智能窗户、智能空调等设备，实现自动开关和调节功能，提高家居的智能化水平。

（3）农业：雨滴传感器可以监测作物的生长环境，如土壤湿度，为农民提供科学的种植建议，同时也可用于智能灌溉系统，根据降雨情况自动调整灌溉量。

（4）天气监测：雨滴传感器是气象站重要的组成部分，用于监测降雨情况，为天气预报提供准确的数据支持。

（5）雨水收集：在雨水收集系统中，雨滴传感器可以用来检测降雨的开始和结束时间，从而控制收集系统的运作。

（6）航空航天：在航空航天领域，雨滴传感器用于监测飞行器表面的冰霜或水分积累，确保飞行安全。

（7）消费电子：在智能手机、平板电脑等消费电子产品中，雨滴传感器可以用于自动调节屏幕亮度或提供天气预警。

（8）工业生产：在工业生产中，雨滴传感器可以用于监控设备状态，控制机械设备的运行，防止因湿度变化导致的设备故障。

雨滴传感器的应用不仅限于上述领域，随着技术的不断进步和创新，其应用范围还在不断扩大。雨滴传感器的发展为各行各业带来了便利，提高了工作效率和生活质量，同时也为环境保护和资源节约做出了贡献。

知识目标

（1）了解什么是雨滴传感器。
（2）了解雨滴传感器的检测原理。
（3）了解雨滴传感器的基本构造。
（4）熟悉雨滴传感器 YL-83 的主要组成部分。
（5）了解雨滴传感器 YL-83 的工作方式。

项目八 雨滴传感器数据采集与应用

能力目标

（1）掌握雨滴传感器的基本原理、结构及检测方法。
（2）掌握雨滴传感器的操作和维护方法。
（3）掌握雨滴传感器的技术参数和应用方法。
（4）掌握 YL-83 芯片 GPIO 的配置方法。
（5）掌握 CC2530 对 YL-83 芯片的编程技术。

素质目标

（1）合理安排时间，有效利用时间，形成良好的学习习惯。
（2）培养获取新知识、新技能的自主学习能力。

8.1 项目导学 雨滴传感器模块

为确保自适应天气控制策略执行的准确性，雨滴传感器可用来辅助判断天气情况。该传感器用于雨雪天气状况的监测，可以转成数字信号或模拟信号输出。传感器采用高品质 FR-04 双面材料，采用镀镍处理表面，具有抗氧化、导电性及使用寿命优越的性能。

雨滴传感器由雨滴感应板和信号处理模块两部分组成，如图 2.8.1 所示。雨滴感应板由两条镍金属构成，当有水滴在感应板上面时，就会连通镍金属条形成并联电路，从而使电阻变小，根据电阻的变化就可以知道是否有雨滴，再根据信号处理模块传回的数字量信号来转换成模拟量信号。

雨滴传感器是典型的电阻式传感器，由振动板、压电元件、放大电路、壳体及阻尼橡胶构成。振动板用于接收雨滴冲击的能量，按自身固有振动频率进行弯曲振动，并将振动传递给内侧压电元件上。压电元件把从振动板传递来的变形转换成电压信号。

图 2.8.1 雨滴传感器模块

8.2 项目知识

8.2.1 YL-83雨滴传感器模块的原理

YL-83 雨滴传感器板面以线性形式涂覆镍，雨水传感器模块允许通过模拟输出引脚测量湿度，当湿度超过阈值时，它可以提供数字输出。该模块基于 LM393 运算放大器，包括电子模块和"收集"雨滴的印刷电路板。当雨滴积聚在电路板上时，会形成并联电阻路径，该路径可通过运算放大器进行测量。

传感器是一个电阻偶极子，在潮湿时显示较小的电阻，而在干燥时显示较大的电阻。当没有雨滴时，它会增加电阻，因此可以根据 $U=IR$ 获得高电压。当出现雨滴时，它会降低电阻，由于水是电的导体，并且水的存在使镍线并联连接，因此降低了电阻并降低了其两端的电压。

雨滴检测用传感器上的压电元件是在烧结钛酸钡陶瓷片两侧加真空镀膜电极制成的，当压电元件上出现机械变形时，在两侧的电极上就会产生电压。当雨滴落到振动板上时，压电元件上就会产生电压，电压大小与加到振动板上的雨滴能量成正比，一般为 0.5～300 mV。放大电路将压电元件上产生的电压信号放大后再输入刮水器放大器中。放大器由晶体管、IC块、电阻、电容器等组成，雨滴传感器由振动板、压电元件、放大电路、壳体及阻尼橡胶组成。振动板的功能是接收雨滴冲击的能量，按自身固有振动频率进行弯曲振动，并将振动传递给内侧压电元件。压电元件把从振动板传递来的变形转换成电压信号。振动板要通过阻尼橡胶才能在外壳上保持弹性，阻尼橡胶除了可以屏蔽车身传给外壳的高频振动外，它的支撑刚性还可避免对振动板的振动工况发生干扰。

8.2.2 YL-83雨滴传感器模块性能

（1）传感器采用高品质 FR-04 双面材料，超大面积（50 mm×40 mm），并用镀镍处理表面，具有抗氧化、导电性及使用寿命优越的性能。

（2）通过比较器输出，信号干净，波形好，驱动能力强，电流超过 15 mA。

（3）配电位器调节灵敏度。

（4）工作电压为 3.3～5 V。

（5）输出形式：数字开关量输出（0 和 1）和模拟量 AO 电压输出。

（6）设有固定螺栓孔，方便安装。

（7）小板 PCB 尺寸：32 mm×14 mm。

（8）使用宽电压 LM393 比较器。

8.2.3 YL-83雨滴传感器模块功能

（1）接上 5 V 电源，电源指示灯亮，感应板上没有水滴时，DO 输出为高电平。

（2）开关指示灯灭，滴上一滴水，DO 输出为低电平，开关指示灯亮，刷掉上面的水滴，又恢复到输出高电平状态。

（3）AO 模拟输出，可以连接单片机的 AD 口检测滴在上面的雨量大小。

（4）DO TTL 数字输出也可以连接单片机检测是否有雨。

8.2.4　YL-83 雨滴传感器模块接口

（1）VCC：接电源正极（3~5 V）。
（2）GND：接电源负极。
（3）DO：TTL 开关信号输出。
（4）AO：模拟信号输出。

8.3　项目实训　雨滴传感器数据采集软硬件设计

8.3.1　YL-83 数据采集硬件设计

1. 原理图设计（见图 2.8.2）

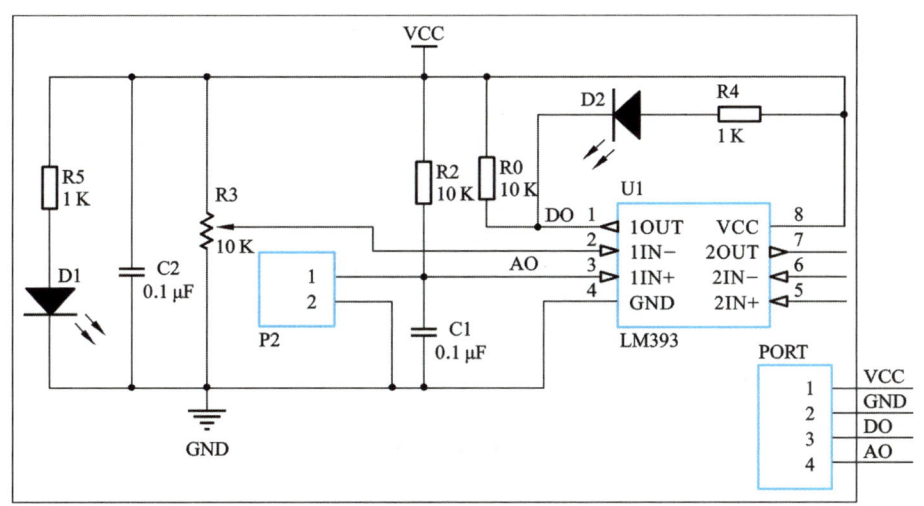

图 2.8.2　雨滴传感器原理图

2. 模块电路设计（见图 2.8.3）

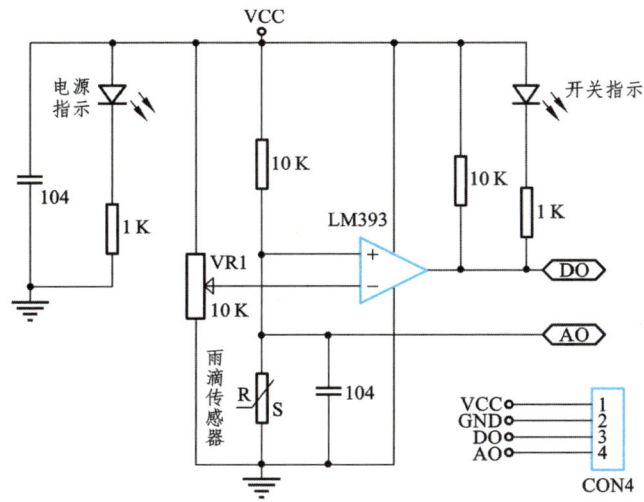

图 2.8.3　雨滴传感器模块电路

DO 连接单片机 P1.5 口，AO 连接单片机 P0.6 口，雨滴感应板连接单片机 P2 口。

3. PCB 设计（见图 2.8.4）

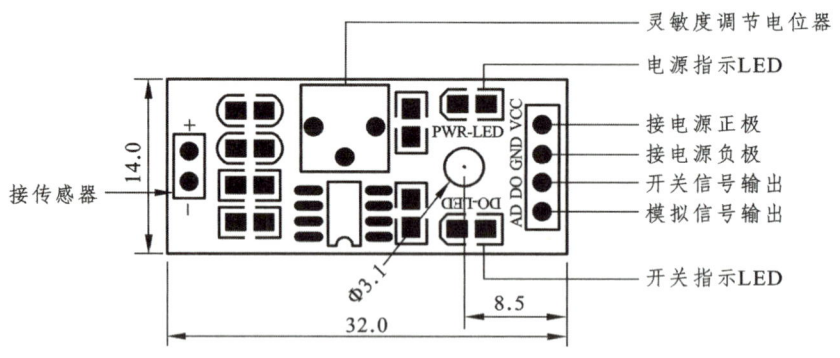

图 2.8.4 雨滴传感器 PCB 图（单位：mm）

4. 实物设计（见图 2.8.5）

图 2.8.5 雨滴传感器实物设计

8.3.2 YL-83 数据采集软件设计

1. 任务目的

（1）掌握 CC2530 芯片 ADC 的配置方法。
（2）掌握雨滴传感器的使用。

2. 任务设备

（1）硬件：计算机一台、ZB2530（底板、核心板、仿真器、USB 线）一套、雨滴传感器模块一个（包括雨滴感应板）、信号处理模块、杜邦线。
（2）软件：2000/XP/Win7 系统、IAR8.10 集成开发环境、串口助手。

3. 程序设计

（1）程序界面如图 2.8.6 所示。

项目八　雨滴传感器数据采集与应用

图 2.8.6　程序界面

（2）主程序流程如图 2.8.8 所示。

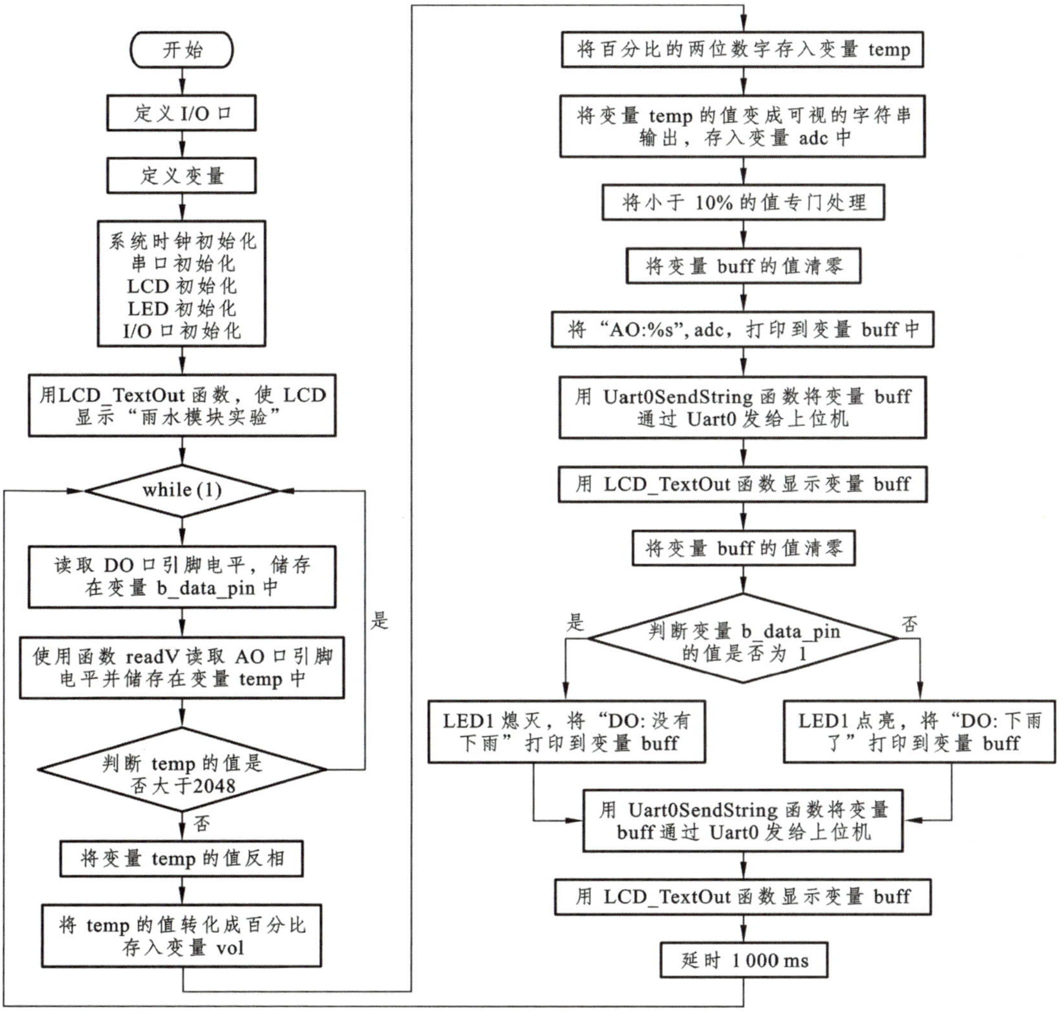

图 2.8.7　雨滴传感器主程序流程

(3)主程序代码如下:

```c
/*****************************************************************
 * 文  件  名:main.c
 * 描      述:雨水模块实验,有雨水时 LED1 亮,无雨水时 LED1 灭
 *****************************************************************/
//如果使用彩屏,请定义此宏
//#define OLED_1331

#include <ioCC2530.h>
#include "adc.h"
#ifdef OLED_1331
#include "LCD1331.h"
#else
#include "LCD.h"
typedef unsigned char uchar;
typedef unsigned int  uint;
#endif

#define LED1 P1_0                    //定义 P1.0 口为 LED1 控制端

#define DATA_PIN_DO P1_5             //定义 P1.5 口为传感器 DO
#define DATA_PIN_AO ADC_AIN6         //定义 P0.6 口为传感器 AO
/*****************************************************************
 * 名      称:main()
 * 功      能:主函数
 * 入口参数:无
 * 出口参数:无
 *****************************************************************/
void main(void)
{
    uint16 temp=0;//adc 采样值
    float vol=0.0; //adc 采样电压
    uint8 adc[10]=0; //adc 采样字符串
    uint8 b_data_pin=0; //DO 引脚电平
    uint8 buff[20]={0};

    //初始化
    InitClockTo32M();
```

```c
InitUart0();
LCD_Init();
InitLed();                    //设置LED灯相应的IO口
InitIo();                     //初始化IO口

LCD_TextOut(0, 2, "雨水模块实验");

while(1)    //死循环
{
    b_data_pin=DATA_PIN_DO;        //读取DO口引脚电平

    //读取AO口引脚电平
    temp = readV(DATA_PIN_AO,ADC_12_BIT) ;//通道5、10位分辨率

    //12位的分辨率最大为2048
    if(temp>2048) continue;

    temp=2048-temp;//反相一下，因为没有雨水时AO口输出较高电平
                //         有雨水时AO口输出较低电平

    //转化为百分比
    vol=(float)((float)temp)/2048.0;

    //取百分比两位数字
    temp=vol*100;

    //变成可视的字符输出
    adc[0]='0'+temp/10;
    adc[1]='0'+temp%10;
    adc[2]='%';
    adc[3]=0;

    //小于10%的处理
    if(adc[0]=='0')
    {
        adc[0]=adc[1];
        adc[1]='%';
        adc[2]=0;
```

```
        }

        adc[6]=0;
        memset(buff, 0, sizeof(buff));
        sprintf(buff, "AO:%s", adc);
        //串口输出
        Uart0SendString(buff, strlen(buff));

        LCD_TextOut(0, 4, buff);
        memset(buff, 0, sizeof(buff));

        if(b_data_pin == 1)     //没有雨水时，DO 输出高电平，LED1 熄灭
        {
            LED1 = 1;
            sprintf(buff, "DO:没有下雨");
        }
        else
        {
            LED1 =  0;          //检测到有雨水时，DO 输出低电平，LED1 亮
            sprintf(buff, "DO:下雨了   ");
        }

        Uart0SendString("  ", 2);
        Uart0SendString(buff, strlen(buff));
        Uart0SendString("\r\n", 2);

        LCD_TextOut(0, 6, buff);

        DelayMS(1000);
    }
}
```

（4）设置系统时钟流程如图 2.8.8 所示。

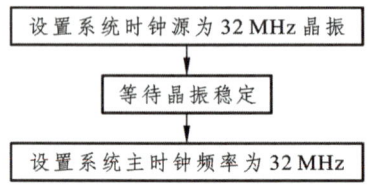

图 2.8.8　雨滴传感器时钟流程

（5）设置系统时钟程序代码如下：

```
/***************************************************************
*   名    称：InitClockTo32M()
*   功    能：设置系统时钟为32M
*   入口参数：无
*   出口参数：无
***************************************************************/
void InitClockTo32M(void)
{
    CLKCONCMD &= ~0x40;              //设置系统时钟源为 32 MHz 晶振
    while(CLKCONSTA & 0x40);         //等待晶振稳定
    CLKCONCMD &= ~0x47;              //设置系统主时钟频率为 32 MHz
}
```

（6）串口初始化流程如图 2.8.9 所示。

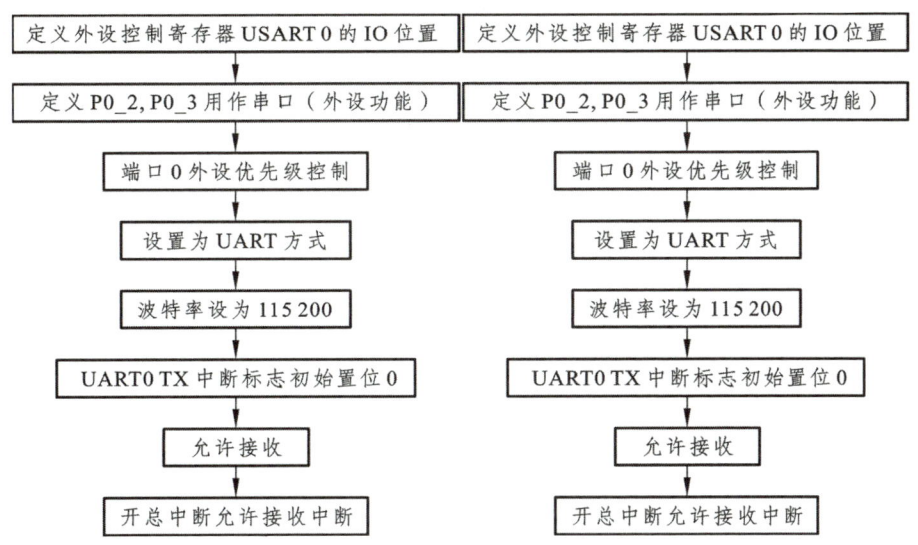

图 2.8.9　串口初始化流程

（7）串口初始化程序代码如下：

```
/***************************************************************
*   名    称：InitUart0()
*   功    能：初始化串口1
*   入口参数：无
*   出口参数：无
***************************************************************/
void InitUart0(void)
```

```
{
    PERCFG = 0x00;          //外设控制寄存器 USART0 的 IO 位置：0 为 P0 口位置 1
    P0SEL = 0x0c;           //P0_2，P0_3 用作串口（外设功能）
    P2DIR &= ~0xC0;         //P0 优先作为 UART0

    U0CSR |= 0x80;          //设置为 UART 方式
    U0GCR |= 11;
    U0BAUD |= 216;          //波特率设为 115 200
    UTX0IF = 0;             //UART0 TX 中断标志初始置位 0
    U0CSR |= 0x40;          //允许接收
    IEN0 |= 0x84;           //开总中断允许接收中断
}
```

（8）LCD 屏幕文本显示流程如图 2.8.10 所示。

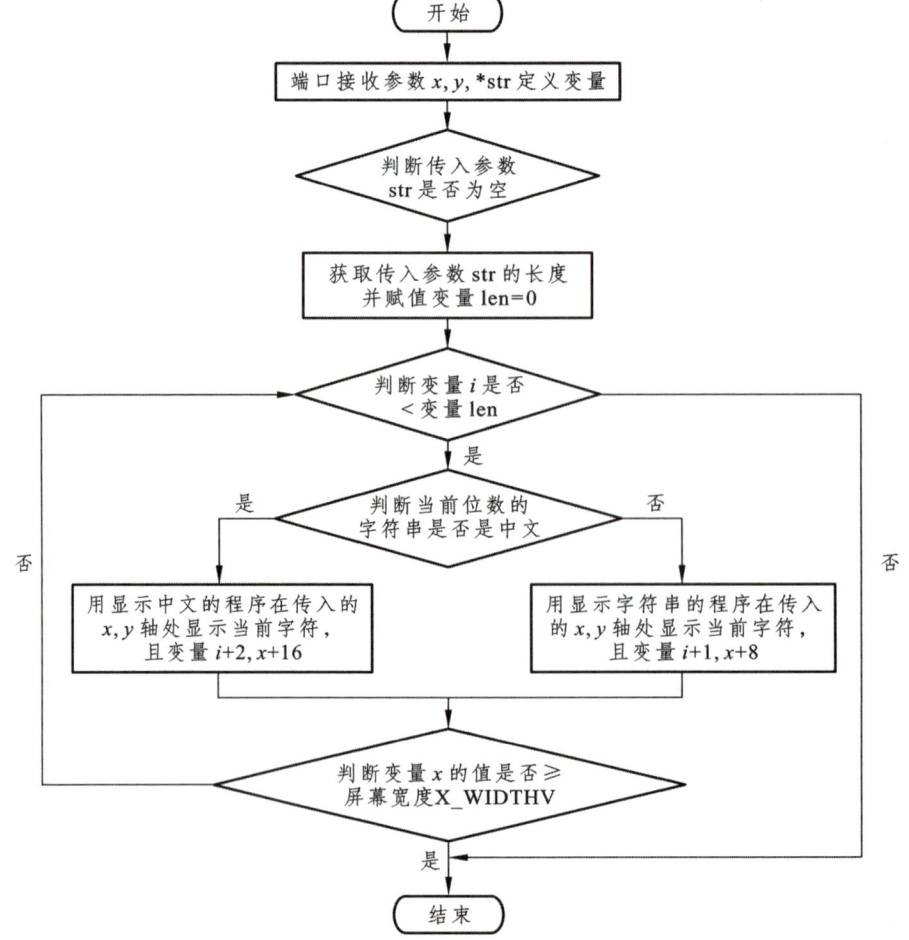

图 2.8.10　雨滴传感器 LCD 屏幕文本显示流程

（9）LCD 屏幕文本显示程序代码封装为.h 文件。

```c
#ifndef _LCD_H_
#define _LCD_H_
#include "codetab.h"
#define XLevelL         0x00
#define XLevelH         0x10
#define XLevel          ((XLevelH&0x0F)*16+XLevelL)
#define Max_Column      128
#define Max_Row         64
#define Brightness      0xCF
#define X_WIDTH         128
#define Y_WIDTH         64
typedef int                 INT;
typedef const char*         LPCSTR;
typedef unsigned char BYTE;
typedef int                 LENGTH;

//英文编码为 0~127，所以大于 127 的中文
#define IS_CHINESE(x)       (((BYTE)(x))>(BYTE)0x7f )
void DelayMS(unsigned int msec)
{
    unsigned int i,j;
        for (i=0; i<msec; i++)
        for (j=0; j<600; j++);
}

/******************LCD 延时 1 ms********************/
void LCD_DLY_ms(unsigned int ms)
{
    unsigned int a;
    while(ms)
    {
        a=1800;
        while(a--);
        ms--;
    }
    return;
```

```c
}
/******************LCD 写数据**********************************/
void LCD_WrDat(unsigned char dat)
{
    unsigned char i=8, temp=0;
    LCD_DC=1;
    for(i=0;i<8;i++) //发送一个八位数据
    {
        LCD_SCL=0;

        temp = dat&0x80;
        if (temp == 0)
        {
            LCD_SDA = 0;
        }
        else
        {
            LCD_SDA = 1;
        }
        LCD_SCL=1;
        dat<<=1;
    }
}
/******************LCD 写命令**********************************/
void LCD_WrCmd(unsigned char cmd)
{
    unsigned char i=8, temp=0;
    LCD_DC=0;
    for(i=0;i<8;i++) //发送一个八位数据
    {
        LCD_SCL=0;

        temp = cmd&0x80;
        if (temp == 0)
        {
            LCD_SDA = 0;
        }
```

```c
        else
        {
            LCD_SDA = 1;
        }
        LCD_SCL=1;
        cmd<<=1;
    }
}
/******************LCD 设置坐标********************/
void LCD_Set_Pos(unsigned char x, unsigned char y)
{
    if(x>127) return;
    if(y>7) return;

    LCD_WrCmd(0xb0+y);
    LCD_WrCmd(((x&0xf0)>>4)|0x10);
    LCD_WrCmd((x&0x0f)|0x01);
}
/******************LCD 全屏******************/
void LCD_Fill(unsigned char bmp_dat)
{
    unsigned char y,x;
    for(y=0;y<8;y++)
    {
        LCD_WrCmd(0xb0+y);
        LCD_WrCmd(0x01);
        LCD_WrCmd(0x10);
        for(x=0;x<X_WIDTH;x++)
            LCD_WrDat(bmp_dat);
    }
}
/******************LCD 复位**********************/
void LCD_Clear(void)
{
    unsigned char y,x;
    for(y=0;y<8;y++)
    {
```

```c
            LCD_WrCmd(0xb0+y);
            LCD_WrCmd(0x01);
            LCD_WrCmd(0x10);
            for(x=0;x<X_WIDTH;x++)
                LCD_WrDat(0);
    }
}
/******************LCD 初始化*********************************/
void LCD_Init(void)
{
    IO_INIT(); //IO 口初始化
    P0SEL &= 0xFE; //让 P0.0 为普通 IO 口,
    P0DIR |= 0x01; //让 P0.0 为输出


    P1SEL &= 0x73; //让 P1.2 P1.3 P1.7 为普通 IO 口
    P1DIR |= 0x8C; //把 P1.2 P1.3 1.7 设置为输出

    LCD_SCL=1;
    LCD_RST=0;
    LCD_DLY_ms(50);
    LCD_RST=1;          //从上电到下面开始初始化要有足够的时间, 即等待 RC 复位完毕
    LCD_WrCmd(0xae);//--turn off oled panel
    LCD_WrCmd(0x00);//---set low column address
    LCD_WrCmd(0x10);//---set high column address
    LCD_WrCmd(0x40);
//--set start line address    Set Mapping RAM Display Start Line (0x00~0x3F)
    LCD_WrCmd(0x81);//--set contrast control register
    LCD_WrCmd(0xcf); // Set SEG Output Current Brightness
    LCD_WrCmd(0xa1);//--Set SEG/Column Mapping       0xa0 左右反置 0xa1 正常
    LCD_WrCmd(0xc8);//Set COM/Row Scan Direction     0xc0 上下反置 0xc8 正常
    LCD_WrCmd(0xa6);//--set normal display
    LCD_WrCmd(0xa8);//--set multiplex ratio(1 to 64)
    LCD_WrCmd(0x3f);//--1/64 duty
    LCD_WrCmd(0xd3);//-set display offset    Shift Mapping RAM Counter (0x00~0x3F)
    LCD_WrCmd(0x00);//-not offset
    LCD_WrCmd(0xd5);//--set display clock divide ratio/oscillator frequency
    LCD_WrCmd(0x80);//--set divide ratio, Set Clock as 100 Frames/Sec
```

```
LCD_WrCmd(0xd9);//--set pre-charge period
LCD_WrCmd(0xf1);//Set Pre-Charge as 15 Clocks & Discharge as 1 Clock
LCD_WrCmd(0xda);//--set com pins hardware configuration
LCD_WrCmd(0x12);
LCD_WrCmd(0xdb);//--set vcomh
LCD_WrCmd(0x40);//Set VCOM Deselect Level
LCD_WrCmd(0x20);//-Set Page Addressing Mode (0x00/0x01/0x02)
LCD_WrCmd(0x02);//
LCD_WrCmd(0x8d);//--set Charge Pump enable/disable
LCD_WrCmd(0x14);//--set(0x10) disable
LCD_WrCmd(0xa4);// Disable Entire Display On (0xa4/0xa5)
LCD_WrCmd(0xa6);// Disable Inverse Display On (0xa6/a7)
LCD_WrCmd(0xaf);//--turn on oled panel
LCD_Fill(0);   //初始清屏
LCD_Set_Pos(0,0);
}

/**功能描述：显示6*8一组标准ASCII字符串，显示的坐标（x,y），y为页范围0~7***/
void LCD_P6x8Str(unsigned char x, unsigned char y,unsigned char ch[])
{
    unsigned char c=0,i=0,j=0;
    while (ch[j]!='\0')
    {
        c =ch[j]-32;
        if(x>126)
        {
            break;
            x=0;
            y++;
        }

        LCD_Set_Pos(x,y);

        for(i=0;i<6;i++)
        {
            LCD_WrDat(F6x8[c][i]);
        }
```

```
            x+=6;
            j++;
        }
    }

    /*功能描述：显示 8*16 一组标准 ASCII 字符串，显示的坐标（x,y），y 为页范围 0～7**/
    void LCD_P8x16Str(unsigned char x, unsigned char y,unsigned char ch[])
    {
        unsigned char c=0,i=0,j=0;
        while (ch[j]!='\0')
        {
            c =ch[j]-32;
            if(x>120)
            {
              x=0;
              y++;
            }

            LCD_Set_Pos(x,y);

            for(i=0;i<8;i++)
            {
              LCD_WrDat(F8X16[c*16+i]);
            }

            LCD_Set_Pos(x,y+1);

            for(i=0;i<8;i++)
            {
                LCD_WrDat(F8X16[c*16+i+8]);
            }

            x+=8;
            j++;
        }
    }
```

/***********功能描述：显示显示BMP图片128×64 起始点坐标(x,y),x 的范围0～127,y 为页的范围0～7****************/
void LCD_DrawBmp(unsigned char x0, unsigned char y0,unsigned char x1, unsigned char y1, unsigned char* BMP)
{
    unsigned int j=0;
    unsigned char x,y;

    if(y1%8==0) y=y1/8;
    else y=y1/8+1;
    for(y=y0;y<y1;y++)
    {
        LCD_Set_Pos(x0,y);
        for(x=x0;x<x1;x++)
        {
            LCD_WrDat(BMP[j++]);
        }
    }
}

/*****功能描述：显示16*16点阵,显示的坐标（x,y），y 为页范围0～7*********/
void LCD_P16x16Ch(unsigned char x, unsigned char y, unsigned char* chinese)
{
    unsigned char wm=0;
    unsigned char* addr=0;
    if(chinese==0) return;
    addr=getChineseCode(chinese);

    LCD_Set_Pos(x , y);
    for(wm = 0;wm < 16;wm++)   //
    {
        LCD_WrDat(addr[wm]);
    }
    LCD_Set_Pos(x,y + 1);
    for(wm = 0;wm < 16;wm++) //

```
            {
                LCD_WrDat(addr[wm+16]);
            }
    }
}

/***功能描述：显示16*16点阵，示的坐标（x,y），y为页范围0～7********/
void LCD_TextOut(unsigned char x, unsigned char y, unsigned char* str)
{
    unsigned char len=0;
    unsigned char i=0,j=0,k=0;
    unsigned char* addr=0;

    if(str==0) return;

    len=strlen(str);

    for(i=0; i<len; )
    {
        if(IS_CHINESE(str[i]))
        {
            LCD_P16x16Ch(x, y, str+i);
            i+=2;
            x+=16;
        }
        else
        {
            LCD_P8x16Str(x,y,str+i);
            i++;
            x+=8;
        }

        if(x>=X_WIDTH) return;
    }
}

#endif
```

4. 程序下载界面（见图 2.8.11）

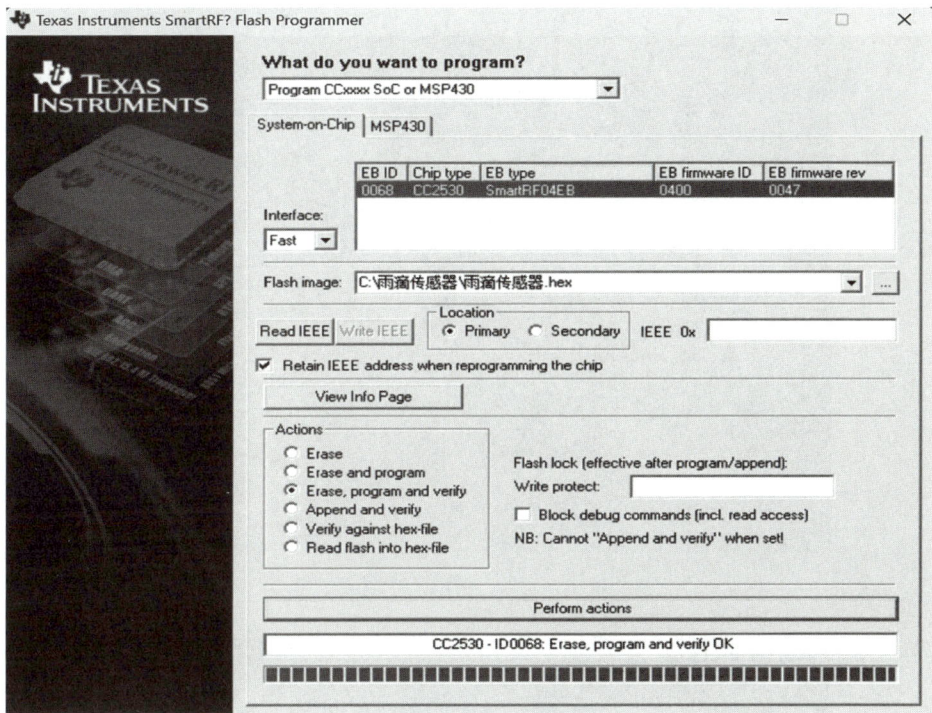

图 2.8.11　雨滴传感器程序下载

5. 项目实现结果（见图 2.8.12、图 2.8.13、图 2.8.14）

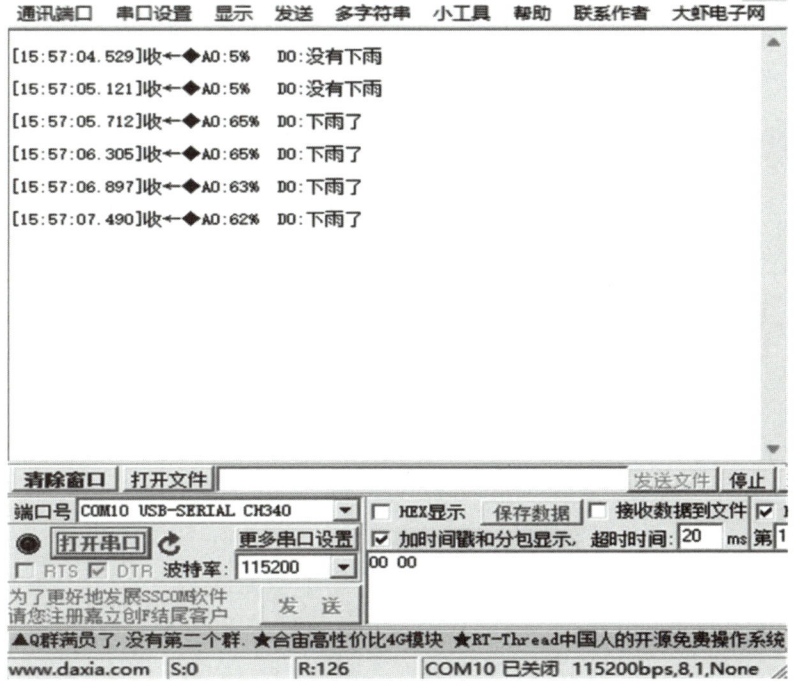

图 2.8.12　雨滴串口数据显示

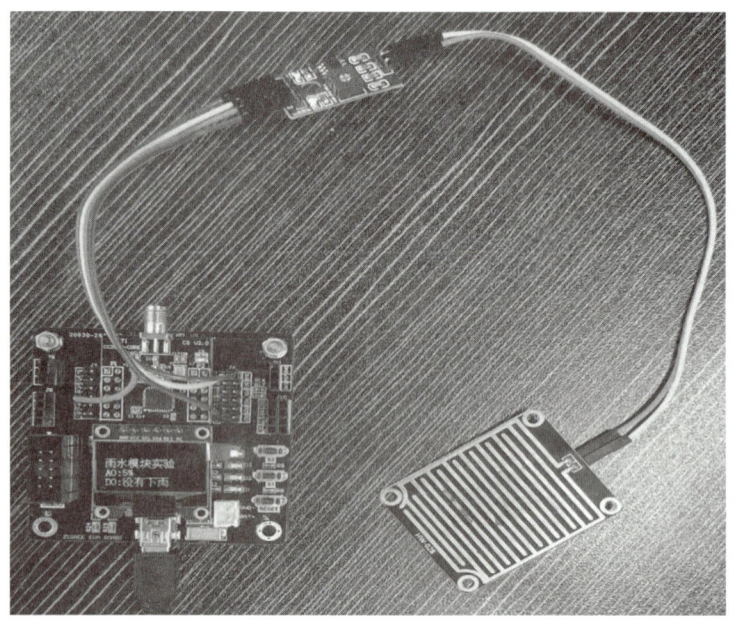

图 2.8.13 "没下雨"时结果展示

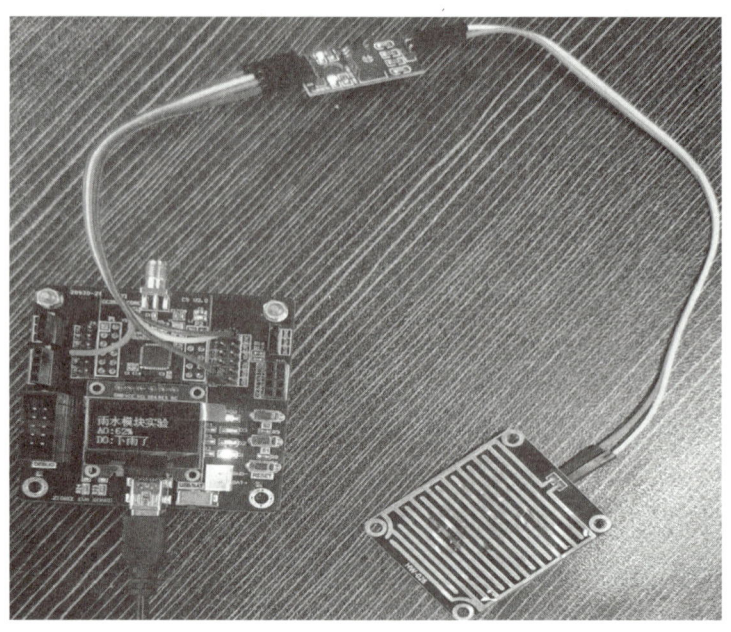

图 2.8.14 "下雨"时结果展示

项目九　RFID 射频模块数据采集与应用

【项目导入】

RFID 射频模块的应用领域同样非常广泛，该技术在以下领域有着非常重要的地位：

（1）仓库管理：在仓库管理中，RFID 技术可以用于跟踪库存，提高库存管理的准确性和效率。通过将 RFID 标签贴在货物上，可以实时监控货物的位置和状态，从而减少丢失和损坏的风险。

（2）物资追踪：在物流运输过程中，RFID 技术可以帮助跟踪货品的运输路径，确保货品安全到达目的地。这有助于防止货品丢失、被盗或窜货，同时提高了物流效率。

（3）门禁控制：RFID 技术常用于门禁系统，如公司员工的身份识别和出勤记录。通过使用 RFID 卡片或标签，可以快速识别个人身份，控制人员进出，提高安全性和管理效率。

（4）固定资产管理：在图书馆、艺术馆和博物馆等场所，RFID 技术可以帮助管理大量的资产。当书籍或贵重物品被移动时，系统可以立即检测到异常并通知管理员。

（5）交通运输：RFID 技术应用于火车和汽车识别，以及行李安检。这有助于提高交通流量的管理效率和安全性。

（6）医疗信息追踪：在医疗领域，RFID 技术可以用于追踪患者信息、药品管理和医疗器械的使用，确保医疗服务的准确性和高效性。

（7）自动收费系统：在高速公路和其他自动收费场景中，RFID 技术允许车辆无须停车即可完成支付，显著提高了通行效率。

此外，RFID 技术还广泛应用于动物芯片、汽车防盗器、停车场管理、生产线自动化、物料管理以及校园一卡通等多个领域。随着技术的不断发展和应用的深入，RFID 射频模块在未来可能有更多的应用场景。

知识目标

（1）了解 RFID 的基本概念。
（2）熟悉 RFID 的频率分类。
（3）了解 RFID 的编码与解码。
（4）了解 RFID 芯片 MF RC522 的组成部分。
（5）掌握 RFID 芯片 MF RC522 的工作原理。
（6）熟悉 RFID 系统的设计和实现过程。
（7）了解行业标准和法规。

能力目标

（1）掌握 RFID 的基本概念和体系结构。
（2）掌握 RFID 的编码与调制技术。
（3）掌握 MF RC522 数据存储和数据转换的处理能力。
（4）掌握 C 语言对数据识别和数据读写的编程能力。
（5）掌握 CC2530 芯片 GPIO 的配置方法。
（6）掌握 MF-RC522 RFID 射频模块的使用方法。
（7）能独立使用串口输出显示卡号信息。
（8）能进行实际操作和项目实施，将理论知识转化为实践技能，解决实际问题。

素质目标

（1）践行社会主义核心价值观，具有深厚的爱国情感和民族自豪感。
（2）培养劳动观念，具备与本专业职业发展相适应的劳动素养和劳动技能。

9.1 项目导学 RFID 射频模块

RFID 射频模块称为 IC 卡（Integrated Circuit Card，集成电路卡），有些国家和地区也称智能卡（Smart Card）、智慧卡（Intelligent Card）、微电路卡（Microcircuit Card）或微芯片卡等。它是将一个微电子芯片嵌入符合 ISO 7816 标准的卡基中，做成卡片形式。IC 卡读写器是 IC 卡与应用系统间的桥梁，在 ISO 国际标准中称之为接口设备 IFD（Interface Device）。IFD 内 CPU 通过一个接口电路与 IC 卡相连并进行通信。IC 卡接口电路是 IC 卡读写器中至关重要的部分，根据实际应用系统的不同，可选择并行通信、半双工串行通信和 I2C 通信等不同的 IC 卡读写芯片。非接触式 IC 卡又称射频卡，成功地解决了无源（卡中无电源）和免接触这一难题，是电子器件领域的一大突破，主要用于公交、轮渡、地铁的自动收费系统，也应用于门禁管理、身份证明和电子钱包中。

MF RC522 是应用于 13.56 MHz 非接触式通信中高集成度的读写卡芯片，是 NXP 公司针对"三表"应用推出的一款低电压、低成本、体积小的非接触式读写卡芯片，是智能仪表和便携式手持设备研发的较好选择。MF RC522 利用先进的调制和解调技术，完全集成了在 13.56 MHz 下所有类型的被动非接触式通信方式和协议，并支持 ISO 14443A 兼容应答器信号。数字部分处理 ISO 14443A 帧和错误检测。此外，还支持快速 CRYPTO1 加密算法，用于验证 MIFARE 系列产品。MF RC522 支持 MIFARE 系列更高速的非接触式通信，双向数据传输速率高达 424 kb/s。作为 13.56 MHz 高集成度读写卡系列芯片家族的新成员，MF RC522 与 MF RC500 和 MF RC530 有不少相似之处，同时也具备许多特点和差异。它与主机间通信采用 SPI 模式，便于减少连线、缩小 PCB 板体积、降低成本。

9.2 项目知识

9.2.1 RFID 系统组成

RFID 技术利用无线射频方式在阅读器和射频卡之间进行非接触双向数据传输，以达到目标识别和数据交换的目的。

最基本的 RFID 系统由三部分组成：

（1）标签（Tag，即射频卡）：由耦合元件及芯片组成，标签含有内置天线，用于与射频天线间进行通信。

（2）阅读器：读取（在读写卡中还可以写入）标签信息的设备。

（3）天线：在标签和读取器间传递射频信号。

9.2.2 MF RC522 射频模块简介

MF RC522 射频模块采用 MF RC522 芯片设计读卡电路，成本低廉，使用方便，适用于设备开发、读卡器开发等高级应用的用户、需要进行射频卡终端设计/生产的用户。本模块可直接装入各种读卡器模具。模块采用电压为 3.3 V，通过 SPI 接口简单的几条线就可以直接与用户任何 CPU 主板相连接通信，可以保证模块稳定可靠地工作，读卡距离远。该模块如图 2.9.1 所示，具有以下关键特性：

（1）多通信接口支持：MF RC522 支持 SPI、I2C 和 UART 三种通信接口，这使得它可以方便地与各种微控制器连接，增加了其在不同应用中的灵活性。

（2）高集成度设计：它集成了所有用于 13.56 MHz 非接触式通信的电路，包括调制、解调和解码电路，使得在设计终端产品时，可以省去额外的电路元件。

（3）支持多种标准：MF RC522 兼容 ISO/IEC 14443A 标准，能够处理 MIFARE Classic 和 MIFARE Ultralight 系列标签，同时符合 ISO 14443A 标准的其他标签。

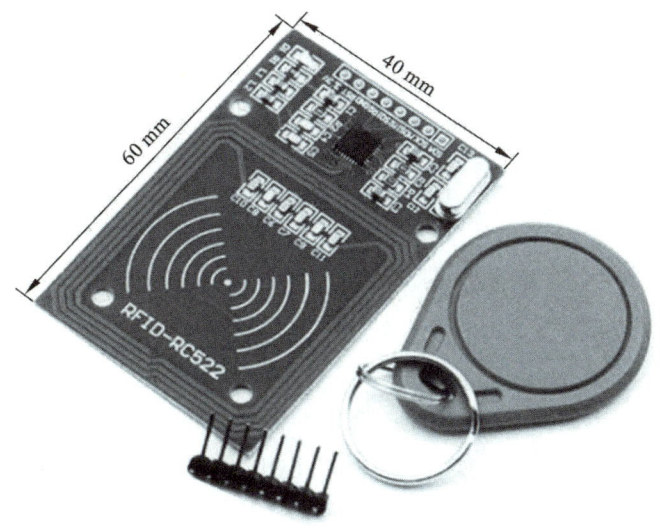

图 2.9.1 MF RC522 射频模块

9.2.3 MF RC522 射频模块结构

MF RC522 射频模块结构如图 2.9.2 所示。

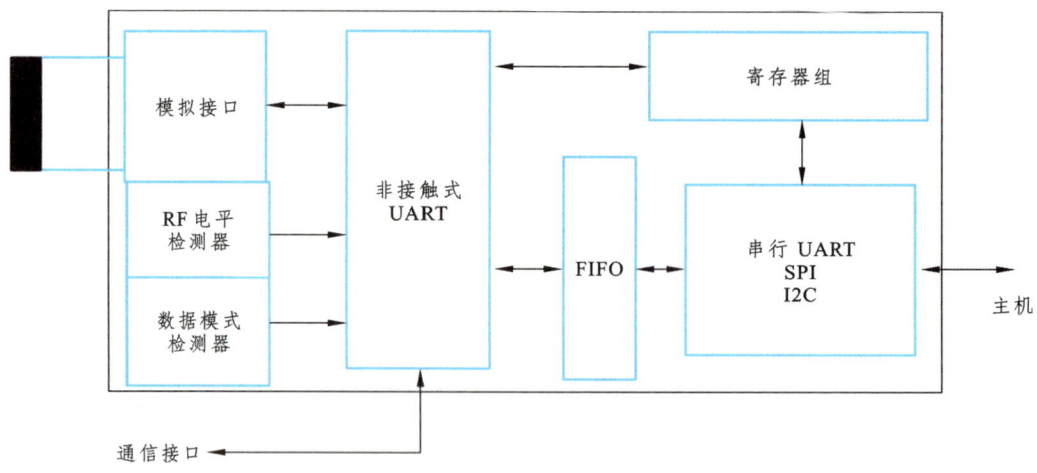

图 2.9.2　MF RC522 射频模块结构

（1）模拟接口用来处理模拟信号的调制和解调。
（2）非接触式 UART 用来处理与主机通信时的协议要求。
（3）FIFO 缓冲区快速而方便地实现了主机和非接触式 UART 之间的数据传输。
（4）不同的主机接口功能可满足不同用户的要求。

本项目采用 SPI 接口，通信中 MF RC522 模块用作从机，如图 2.9.3 所示。SPI 时钟 SCK 由主机产生。数据通过 MOSI 线从主机传输到从机；数据通过 MISO 线从 MF RC522 发回到主机。MOSI 和 MISO 传输每个字节时都是高位在前。MOSI 上的数据在时钟的上升沿保持不变，在时钟的下降沿改变。MISO 也与之类似，在时钟的下降沿，MISO 上的数据由 MF RC522 来提供，在时钟的上升沿数据保持不变。

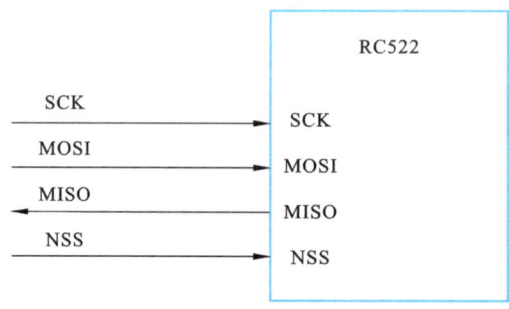

图 2.9.3　MF RC522 数据传输接口

9.2.4　MF RC522 射频模块的原理

MF RC522 通过无线电波与 RFID 标签进行非接触式通信，底层采用 SPI 模拟时序，可以应用于校园一卡通、水卡充值消费、公交卡充值消费设计、门禁卡等。系统有射频读写器和 IC 卡两个部分。射频读写器向 IC 卡发一组固定频率的电磁波，卡片内有一个 LC 串联谐振电路，其频率与读写器发射的频率相同，这样在电磁波激励下，LC 谐振电路产生共振，从而使电容内产生电荷；在这个电荷的另一端，接有一个单向导通的电子泵，将电容内的电荷送到另一个电容内存储，当所积累的电荷达到 2 V 时，此电容可作为电源为其他电路提供工作电压，将卡内数据发射出去或接收读写器的数据。

模块工作原理如下：

（1）产生电磁场：当读卡器（即RC522模块）被激活时，它会生成一个13.56 MHz的电磁场。

（2）供电与通信：非接触性IC卡本身是无源卡，当读写器对卡进行读写操作时，读写器发出的信号由两部分叠加组成：一部分是电源信号，该信号由卡接收后，与本身的L/C产生一个瞬间能量来供给芯片工作；另一部分则是指令和数据信号，指挥芯片完成数据的读取、修改、储存等，并返回信号给读写器，完成一次读写操作。

（3）数据处理：读卡器检测并解释反向散射的信号，然后将数据发送到计算机或微控制器进行处理，完成数据处理、计算、存储、再运用等操作。

此外，MF RC522还支持ISO 14443A标准，这是非接触式IC卡的标准之一，规定了卡片的物理特性以及在读卡器和卡片之间提供功率和双向通信场的性质与特征。这使得MF RC522能够与符合这一标准的多种RFID标签进行有效通信。

当标签进入读卡器的感应范围时，读卡器会发出射频信号，标签通过接收和发送信号与读卡器交互。

读写过程如下：

（1）读写器向周围环境发送射频信号。

（2）标签接收到射频信号后吸收一部分能量，并利用这部分能量激活芯片。

（3）激活后的标签通过天线发送信号给读写器，包含自身的唯一标识符和存储信息。

（4）读写器接收到标签发送的信息后，对其进行解析并传输到数据处理系统。

（5）数据处理系统根据标签提供的信息进行识别、记录、跟踪等操作。

9.2.5　MF RC522模块数据结构及时序

1. MF RC522读数据结构

使用以下结构（见表2.9.1）可将数据通过兼容SPI的接口读出。这样可读出n个数据字节。发送的第一个字节定义了模式本身和地址。

表2.9.1　MOSI和MISO的字节顺序

字节	字节0	字节1	字节2	字节n	字节$n+1$
MOSI	地址0	地址1	地址2	地址n	00
MISO	X	数据0	数据1	数据$n-1$	数据n

注：先发送最高位（MSB）。

2. MF RC522写数据结构

使用以下结构（见表2.9.2）可将数据通过兼容SPI的接口写入。这样对应一个地址可以写入多达n个数据字节。发送的第一个字节定义了模式本身和地址。

表2.9.2　MOSI和MISO的字节顺序

字节	字节0	字节1	字节2	字节n	字节$n+1$
MOSI	地址	数据0	数据1	数据$n-1$	数据n
MISO	X	X	X	X	X

注：先发送最高位（MSB）。

3. MF RC522 地址字节结构

地址字节按以下格式传输，如表 2.9.3 所示。第一个字节的 MSB 位设置使用的模式。MSB 位为 1 时从 MF RC522 读出数据，MSB 位为 0 时将数据写入 MF RC522。第一个字节的位 6 至位 1 用于定义地址，最后一位设置为 0。

表 2.9.3 地址字节格式

地址（MOSI）	位 7，MSB	位 6 至位 1	位 0
字节 0	1（读） 0（写）	地址	RFU(0)

4. SPI 兼容接口的时序（见表 2.9.4）

表 2.9.4 SPI 的时序规范

符号	参数	最小	最大	单位
t_{SCKL}	SCK 低电平脉宽	50		ns
t_{SCKH}	SCK 高电平脉宽	50		ns
t_{SHDX}	SCK 高电平到数据变化	25		ns
t_{PXSH}	数据变化到 SCK 高电平	25		ns
t_{SLDX}	SCK 低电平到数据变化		25	ns
t_{SLNH}	SCK 低电平到 NSS 高电平	0		ns

SPI 兼容接口的时序如图 2.9.4 所示。

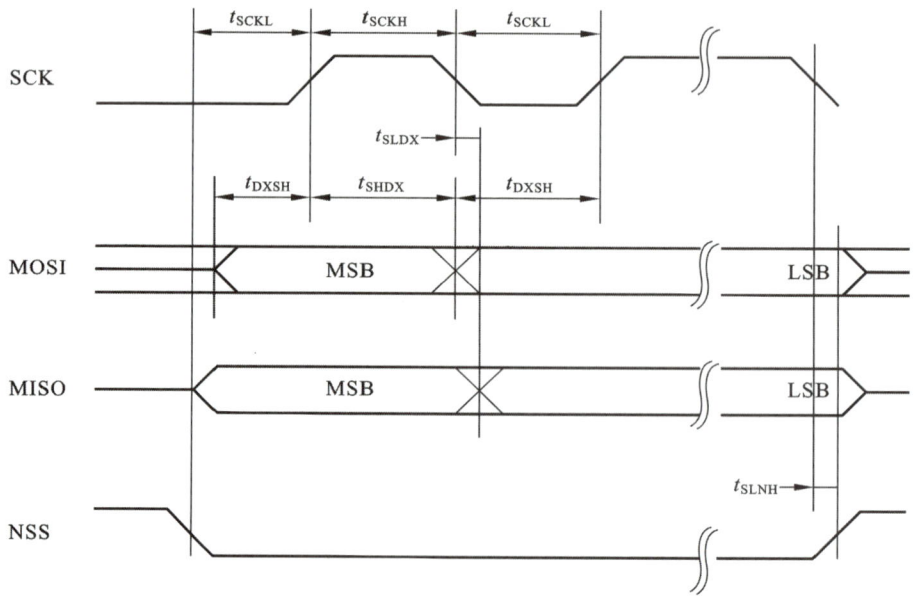

图 2.9.4 SPI 兼容接口时序图

注意：

（1）信号 NSS 必须为低，以便可以在一个数据流中发送多个字节。

（2）为了发送多个数据流，NSS 必须在数据流之间设置成高电平。

9.3 项目实训 RFID 射频模块数据采集软硬件设计

9.3.1 MF RC522 数据采集硬件设计

1. MF RC522 数据采集原理图设计（见图 2.9.5）

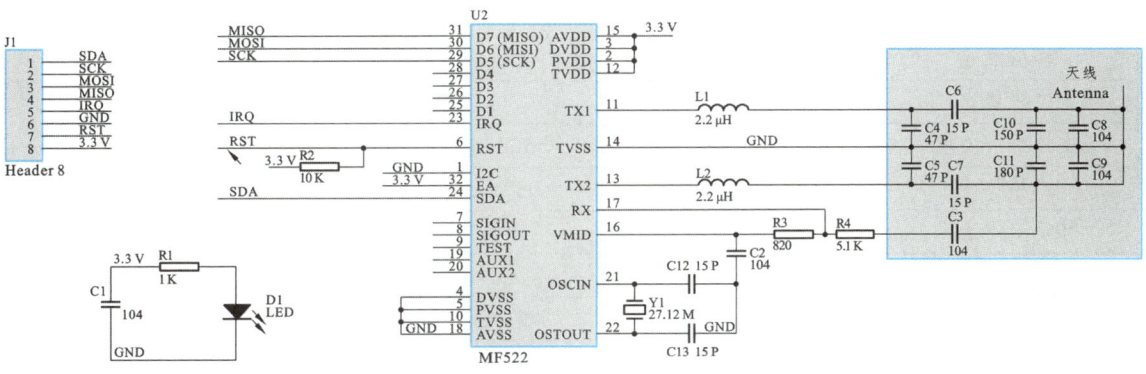

图 2.9.5 MF RC522 数据采集原理图

2. PCB 设计（见图 2.9.6）

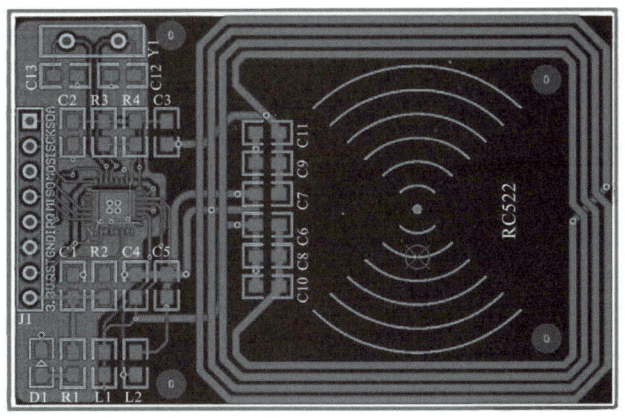

图 2.9.6 PCB 图

3. 模块引脚使用（见图 2.9.7）

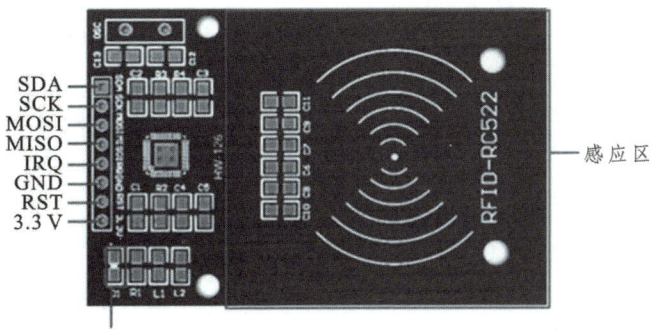

SDA：SPI 接口片选输入信号
SCK：SPI 接口时钟输入
MOSI：SPI 接口数据输入
MISO：SPI 接口数据输出
IRQ：中断信号输出
GND：接电源负极
RST：复位信号输入，低电平有效
3.3 V：接电源正极 3.3 V

图 2.9.7 模块引脚示意

（1）模块参数（见表 2.9.5）。

表 2.9.5　射频模块参数

工作电流	13~26 mA/直流 3.3 V
空闲电流	10~13 mA/直流 3.3 V
休眠电流	<80 μA
峰值电流	<30 mA
工作频率	13.56 MHz
支持的卡类型	mifare s50、mifare s70、mifare Ultra Light、mifarePro、mifare Desfire
产品尺寸	37.5 mm×25 mm
环境工作温度	−20~80 ºC
环境储存温度	−40~85 ºC
环境相对湿度	相对湿度 5%~95%
数据传输速率	10 Mb/s

（2）接线方式（见表 2.9.6）。

表 2.9.6　接线方式

RC522 接口	CC2530
SDA（数据接口）	P2.0
SCK（时钟接口）	P0.7
MOSI（SPI 接口主出从入）	P0.6
MISO（SPI 接口主入从出）	P0.5
NC（悬空）	不接
GND（地）	GND
RST（复位信号）	P0.4
3.3 V（电源）	3.3 V

（3）模块引脚说明（见表 2.9.7）

表 2.9.7　引脚说明

标号	I/O 类型	功能描述
3.3 V	电源	电源正
RST	输入	复位
MISO	输出	SPI 口从机输出
MOSI	输入	SPI 口从机输入
SCK	输入	SPI 口时钟
NSS	输入	SPIO 片选

9.3.2 MF RC522 数据采集软件设计

1. 任务目的

（1）通过实验掌握 CC2530 芯片 GPIO 的配置方法。
（2）学会 RFID 射频模块的使用方法。
（3）通过串口输出显示卡号信息。

2. 任务设备

（1）硬件：计算机一台，CC2530 开发板，RFID 射频模块一个。
（2）软件：2000/XP/Win7 系统，IAR8.10 集成开发环境、串口助手。

3. 程序设计

（1）程序界面如图 2.9.8 所示。

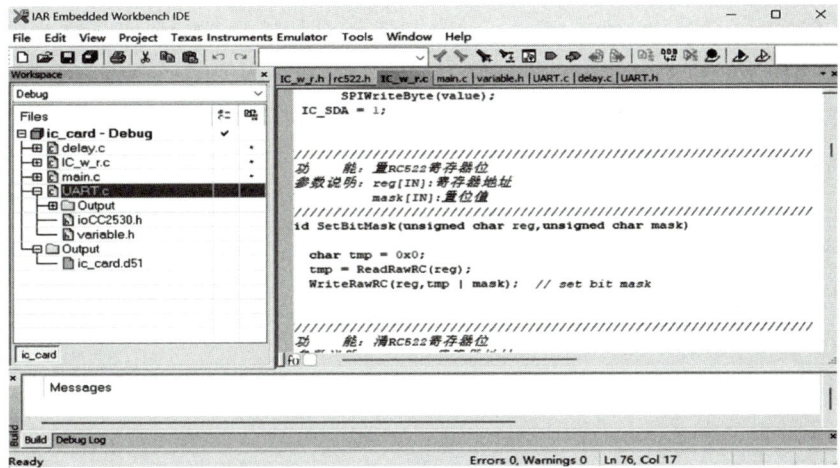

图 2.9.8　程序界面

（2）主程序流程如图 2.9.9 所示。

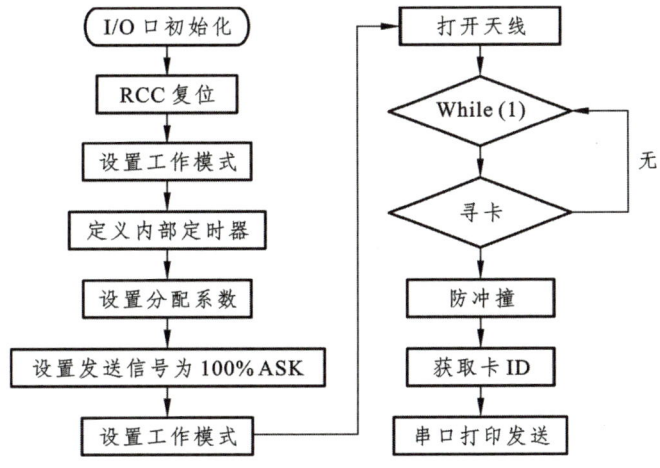

图 2.9.9　主程序流程

（3）主程序代码如下：

```c
/***********************************************
*  文  件  名 : main.c
*  描     述 : 采集 RFID 数据发送到串口调试助手上显示 9600 8N1
***********************************************/
#include "variable.h"
#include"delay.h"
#include "UART.h"
#include "IC_w_r.h"

void InitIO()
{
    CLKCONCMD &= ~0x40;              //设置系统时钟源为32MHz 晶振
    while(CLKCONSTA & 0x40);         //等待晶振稳定为32M
    CLKCONCMD &= ~0x47;              //设置系统主时钟频率为32MHz
    UartInitial();

    // IC_SDA P2_0
    P2DIR |= 1<<0;
    P2INP |= 1<<0;
    P2SEL &= ~(1<<0);

    // IC_SCK   P0_7
    P0DIR |= 1<<7;
    P0INP |= 1<<7;
    P0SEL &= ~(1<<7);

    // IC_MOSI P0_6
    P0DIR |= 1<<6;

    P0SEL &= ~(1<<6);

    // IC_MISO P0_5
    P0DIR |= 1<<5;
    P0INP |= 1<<5;
    P0SEL &= ~(1<<5);
```

```c
    // IC_RST P0_4
    P0DIR &= ~(1<<4);
    P0INP &= ~(1<<4);
    P0SEL &= ~(1<<4);

    IC_SCK = 1;
    IC_SDA = 1;
}


void IC_test()
{
    uchar ucTagType[4];
    uchar find=0xaa;
    uchar ret;

    while(1)
    {
        //16进制转ASC码
        char i;
        char Card_Id[8]; //存放32位卡号
        uchar asc_16[16]={'0','1','2','3','4','5','6','7','8','9','A','B','C','D','E','F'};

        ret = PcdRequest(0x52,ucTagType);//寻卡
        if(ret != 0x26)
            ret = PcdRequest(0x52,ucTagType);
        if(ret != 0x26)
            find = 0xaa;
        if((ret == 0x26)&&(find == 0xaa))
        {
            if(PcdAnticoll(ucTagType) == 0x26);//防冲撞
            {
                UartSend_String("The Card ID is: ",16);

                //16进制转ASC码
                for(i=0;i<4;i++)
                {
```

```
                    Card_Id[i*2]=asc_16[ucTagType[i]/16];
                    Card_Id[i*2+1]=asc_16[ucTagType[i]%16];
                }
                UartSend_String(Card_Id,8);
                UartSend_String("\n",1);

                find = 0x00;
            }
        }
    }
}

void main()
{
    InitIO();
    PcdReset();
    M500PcdConfigISOType('A');//设置工作方式
    while(1)
    {
        IC_test();              //检测 IC 卡
    }
}
```

（4）RC522 读卡\写卡主程序流程如图 2.9.10、图 2.9.11 所示。

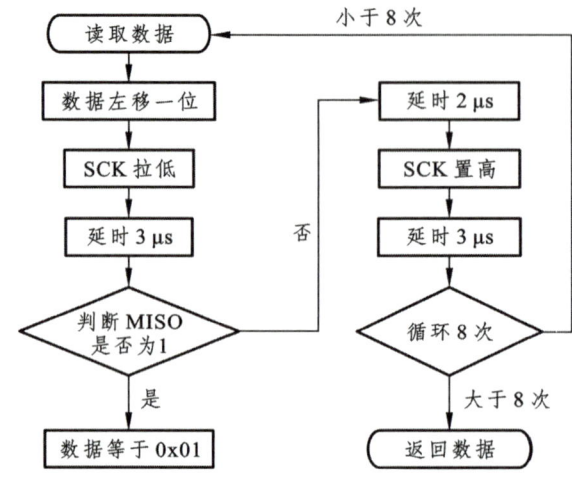

图 2.9.10 RC522 读卡流程

项目九　RFID 射频模块数据采集与应用

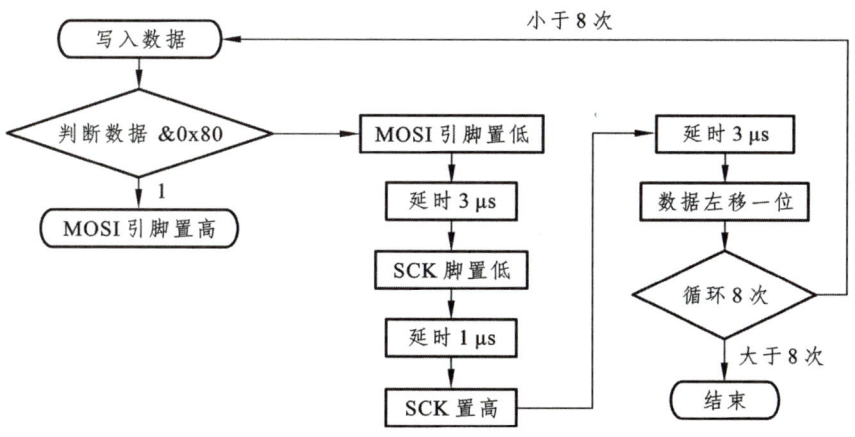

图 2.9.11　RC522 写卡流程

（5）RC522 读卡、写卡程序段如下：

```
/***********************************************
 * 文 件 名:
 * 描    述: RC522 读卡、写卡等程序设计
 ***********************************************/
#include"variable.h"
#include"rc522.h"
#include"UART.h"
void Delay_I_1us(unsigned int k)
{
   uint i,j;
   for(i=0;i<k;i++)
      for(j=0;j<32;j++);
}

void SPIWriteByte(uchar infor)
{
    unsigned int counter;
    for(counter=0;counter<8;counter++)
    {

       if(infor&0x80)
          IC_MOSI = 1;
       else
          IC_MOSI = 0;
```

167

```c
            Delay_I_1us(3);
                IC_SCK = 0;
            Delay_I_1us(1);
                IC_SCK = 1;
            Delay_I_1us(3);
                infor <<= 1;
        }
    }

    unsigned char SPIReadByte()
    {
        unsigned int counter;
        unsigned char SPI_Data;
        for(counter=0;counter<8;counter++)
        {
            SPI_Data<<=1;
                IC_SCK = 0;
            Delay_I_1us(3);
            if(IC_MISO == 1)
                SPI_Data |= 0x01;
            Delay_I_1us(2);
                IC_SCK = 1;
            Delay_I_1us(3);
        }
        return SPI_Data;
    }
    /////////////////////////////////////////////////////////////
    //功    能：读 RC632 寄存器
    //参数说明：Address[IN]:寄存器地址
    //返    回：读出的值
    /////////////////////////////////////////////////////////////
    unsigned char ReadRawRC(unsigned char Address)
    {
        unsigned char ucAddr;
        unsigned char ucResult=0;
                    IC_SDA = 0;
        ucAddr = ((Address<<1)&0x7E)|0x80;//地址变换，SPI 的读写地址有要求
```

```
                    SPIWriteByte(ucAddr);
                    ucResult=SPIReadByte();
                    IC_SDA = 1;
    return ucResult;
}
/////////////////////////////////////////////////////////
//功    能：写 RC632 寄存器
//参数说明：Address[IN]:寄存器地址
//          value[IN]:写入的值
/////////////////////////////////////////////////////////
void WriteRawRC(unsigned char Address, unsigned char value)
{
    unsigned char ucAddr;
        Address <<= 1;
    ucAddr = (Address&0x7e);
      IC_SDA = 0;
                    SPIWriteByte(ucAddr);
                    SPIWriteByte(value);
    IC_SDA = 1;
}
/////////////////////////////////////////////////////////
//功    能：置 RC522 寄存器位
//参数说明：reg[IN]:寄存器地址
//          mask[IN]:置位值
/////////////////////////////////////////////////////////
void SetBitMask(unsigned char reg,unsigned char mask)
{
    char tmp = 0x0;
    tmp = ReadRawRC(reg);
    WriteRawRC(reg,tmp | mask);    // set bit mask
}
/////////////////////////////////////////////////////////
//功    能：清 RC522 寄存器位
//参数说明：reg[IN]:寄存器地址
//          mask[IN]:清位值
/////////////////////////////////////////////////////////
void ClearBitMask(unsigned char reg,unsigned char mask)
```

```c
{
    char tmp = 0x0;
    tmp = ReadRawRC(reg);
    WriteRawRC(reg, tmp & ~mask);    // clear bit mask
}
/////////////////////////////////////////////////////
//开启天线
//每次启动或关闭天线发射之间应至少有1 ms的间隔
/////////////////////////////////////////////////////
void PcdAntennaOn(void)
{
    unsigned char i;
    i = ReadRawRC(TxControlReg);
    if (!(i & 0x03))
    {
        SetBitMask(TxControlReg, 0x03);
    }
}
/////////////////////////////////////////////////////
//关闭天线
/////////////////////////////////////////////////////
void PcdAntennaOff(void)
{
  ClearBitMask(TxControlReg, 0x03);
}
/////////////////////////////////////////////////////
//功    能：复位RC522
//返    回：成功返回MI_OK
/////////////////////////////////////////////////////
void PcdReset(void)
{
                    //PORTD|=(1<<RC522RST);
                    IC_RST = 1;
    Delay_I_1us(1);
                    //PORTD&=~(1<<RC522RST);
                    IC_RST = 0;
    Delay_I_1us(1);
```

```c
                    //PORTD|=(1<<RC522RST);
                    IC_RST = 1;
    Delay_I_1us(1);
    WriteRawRC(0x01,0x0f);
    while(ReadRawRC(0x01)&0x10);
    Delay_I_1us(10);
    WriteRawRC(ModeReg,0x3D);
 //定义发送和接收常用模式和 Mifare 卡通信，CRC 初始值 0x6363
    WriteRawRC(TReloadRegL,30);              //16 位定时器低位
    WriteRawRC(TReloadRegH,0);               //16 位定时器高位
    WriteRawRC(TModeReg,0x8D);               //定义内部定时器的设置
    WriteRawRC(TPrescalerReg,0x3E);          //设置定时器分频系
    WriteRawRC(TxAutoReg,0x40);              //  调制发送信号为 100%ASK
    //return MI_OK;
}
/////////////////////////////////////////////////////////////
//设置 RC632 的工作方式
/////////////////////////////////////////////////////////////
void M500PcdConfigISOType(unsigned char type)
{
    if (type == 'A')                         //ISO 14443_A
    {
        ClearBitMask(Status2Reg,0x08);
        WriteRawRC(ModeReg,0x3D);//3F
        WriteRawRC(RxSelReg,0x86);//84
        WriteRawRC(RFCfgReg,0x7F);     //4F
        WriteRawRC(TReloadRegL,30);//tmoLength);// TReloadVal = 'h6a =tmoLength(dec)
         WriteRawRC(TReloadRegH,0);
        WriteRawRC(TModeReg,0x8D);
                    WriteRawRC(TPrescalerReg,0x3E);
                    Delay_I_1us(2);
        PcdAntennaOn();//开天线
    }
 //   else return (-1);

    //return MI_OK;
}
```

```
/////////////////////////////////////////////////////////
//功    能：通过 RC522 和 ISO 14443 卡通信
//参数说明：Command[IN]:RC522 命令字
//         pInData[IN]:通过 RC522 发送到卡片的数据
//         InLenByte[IN]:发送数据的字节长度
//         pOutData[OUT]:接收到的卡片返回数据
//         *pOutLenBit[OUT]:返回数据的位长度
/////////////////////////////////////////////////////////
char PcdComMF522(unsigned char Command,          //RC522 命令字
                unsigned char *pInData,          //通过 RC522 发送到卡片的数据
                unsigned char InLenByte,         //发送数据的字节长度
                unsigned char *pOutData,         //接收到的卡片返回数据
                unsigned int  *pOutLenBit)       //返回数据的位长度
{
    char status = MI_ERR;
    unsigned char irqEn    = 0x00;
    unsigned char waitFor = 0x00;
    unsigned char lastBits;
    unsigned char n;
    unsigned int i;
    switch (Command)
    {
       case PCD_AUTHENT:            //Mifare 认证
          irqEn    = 0x12;          //允许错误中断请求 ErrIEn   允许空闲中断 IdleIEn
          waitFor = 0x10;           //认证寻卡等待时候 查询空闲中断标志位
          break;
       case PCD_TRANSCEIVE:         //接收发送 发送接收
          irqEn    = 0x77;          //允许 TxIEn RxIEn IdleIEn LoAlertIEn ErrIEn TimerIEn
          waitFor = 0x30;           //寻卡等待时查询接收中断标志位与空闲中断标志位
          break;
       default:
          break;
    }

    WriteRawRC(ComIEnReg,irqEn|0x80);
//IRqInv 置位管脚 IRQ 与 Status1Reg 的 IRq 位的值相反
    ClearBitMask(ComIrqReg,0x80);
```

```
//Set1 该位清零时，CommIRqReg 的屏蔽位清零
    WriteRawRC(CommandReg,PCD_IDLE);        //写空闲命令
    SetBitMask(FIFOLevelReg,0x80);
//置位 FlushBuffer 清除内部 FIFO 的读和写指针以及 ErrReg 的 BufferOvfl 标志位被清除
    for (i=0; i<InLenByte; i++)
    {    WriteRawRC(FIFODataReg, pInData[i]);    }    //写数据进 FIFOdata
    WriteRawRC(CommandReg, Command);        //写命令
    if (Command == PCD_TRANSCEIVE)
    {     SetBitMask(BitFramingReg,0x80);    }
//StartSend 置位启动数据发送 该位与收发命令使用时才有效

    i = 1000;//根据时钟频率调整，操作 M1 卡最大等待时间 25 ms
    do                                        //认证 与寻卡等待时间
{
        n = ReadRawRC(ComIrqReg);              //查询事件中断
        i--;
    }
    while ((i!=0) && !(n&0x01) && !(n&waitFor));
//退出条件 i=0，定时器中断，与写空闲命令
    ClearBitMask(BitFramingReg,0x80);          //清理允许 StartSend 位
    if (i!=0)
    {
      if(!(ReadRawRC(ErrorReg)&0x1B))
//读错误标志寄存器 BufferOfI CollErr ParityErr ProtocolErr
        {
         status = MI_OK;
         if (n & irqEn & 0x01)                 //是否发生定时器中断
         { status = MI_NOTAGERR;    }
           if (Command == PCD_TRANSCEIVE)
           {
            n = ReadRawRC(FIFOLevelReg);       //读 FIFO 中保存的字节数
            lastBits = ReadRawRC(ControlReg) & 0x07;  //最后接收到的字节的有效位数
            if (lastBits)
            {    *pOutLenBit = (n-1)*8 + lastBits;    }
//N 个字节数减去 1（最后一个字节）+最后一位的位数 读取到的数据总位数
             else
             { *pOutLenBit = n*8;    }         //最后接收到的字节整个字节有效
```

```
                    if (n == 0)
                    {     n = 1;      }
                    if (n > MAXRLEN)
                    {     n = MAXRLEN;      }
                    for (i=0; i<n; i++)
                    {     pOutData[i] = ReadRawRC(FIFODataReg);       }
             }
        }
        else
        {     status = MI_ERR;      }
    }
    SetBitMask(ControlReg,0x80);              // stop timer now
    WriteRawRC(CommandReg,PCD_IDLE);
    return status;
}


/////////////////////////////////////////////////////////////
//功    能：寻卡
//参数说明: req_code[IN]:寻卡方式
//                0x52 = 寻感应区内所有符合 ISO 14443 A 标准的卡
//                0x26 = 寻未进入休眠状态的卡
//           pTagType[OUT]：卡片类型代码
//                0x4400 = Mifare_UltraLight
//                0x0400 = Mifare_One(S50)
//                0x0200 = Mifare_One(S70)
//                0x0800 = Mifare_Pro(X)
//                0x4403 = Mifare_DESFire
//返    回: 成功返回 MI_OK
/////////////////////////////////////////////////////////////
char PcdRequest(unsigned char req_code,unsigned char *pTagType)
{
    char status;
    uint i;
    unsigned int   unLen;
    unsigned char ucComMF522Buf[MAXRLEN];

    ClearBitMask(Status2Reg,0x08);
```

```c
//清理指示 MIFARECyptol 单元接通以及所有卡的数据通信被加密的情况
    WriteRawRC(BitFramingReg,0x07);//发送的最后一个字节的七位
    SetBitMask(TxControlReg,0x03);
//TX1,TX2 管脚的输出信号传递经发送调制的 13.56 的能量载波信号
    ucComMF522Buf[0] = req_code;    //存入 卡片命令字
status = PcdComMF522(PCD_TRANSCEIVE,ucComMF522Buf,1,ucComMF522Buf, &unLen);
                    //寻卡
    if ((status == MI_OK) && (unLen == 0x10))  //寻卡成功返回卡类型
    {
        *pTagType      = ucComMF522Buf[0];
        *(pTagType+1) = ucComMF522Buf[1];
    }
    else
    {
                        status = MI_ERR;
                }
    return status;
}
/////////////////////////////////////////////////////
//功    能：防冲撞
//参数说明:pSnr[OUT]:卡片序列号，4 字节
//返    回：成功返回 MI_OK
/////////////////////////////////////////////////////
char PcdAnticoll(unsigned char *pSnr)
{
    char status;
    unsigned char i,snr_check=0;
    unsigned int    unLen;
    unsigned char ucComMF522Buf[MAXRLEN];
    ClearBitMask(Status2Reg,0x08);
//清 MFCryptol On 位，只有成功执行 MFAuthent 命令后，该位才能置位
    WriteRawRC(BitFramingReg,0x00);            //清理寄存器停止收发
    ClearBitMask(CollReg,0x80);
//清 ValuesAfterColl 所有接收的位在冲突后被清除
  // WriteRawRC(BitFramingReg,0x07);     //  发送的最后一个字节的七位
  // SetBitMask(TxControlReg,0x03);
```

```
//TX1,TX2 管脚的输出信号传递经发送调制的 13.56 的能量载波信号
    ucComMF522Buf[0] = 0x93;  //卡片防冲突命令
    ucComMF522Buf[1] = 0x20;
    status = PcdComMF522(PCD_TRANSCEIVE,ucComMF522Buf,2,ucComMF522Buf, &unLen); // 与卡片通信
    if (status == MI_OK)         //通信成功
    {
                for (i=0; i<4; i++)
                {
                    *(pSnr+i)  = ucComMF522Buf[i];              //读出 UID
                    snr_check ^= ucComMF522Buf[i];
                }
                if (snr_check != ucComMF522Buf[i])
                {   status = MI_ERR;         }
    }

    SetBitMask(CollReg,0x80);
    return status;
}
/////////////////////////////////////////////////////////////////
//用 MF522 计算 CRC16 函数
/////////////////////////////////////////////////////////////////
void CalulateCRC(unsigned char *pIndata,unsigned char len,unsigned char *pOutData)
{
    unsigned char i,n;
    ClearBitMask(DivIrqReg,0x04);
    WriteRawRC(CommandReg,PCD_IDLE);
    SetBitMask(FIFOLevelReg,0x80);
    for (i=0; i<len; i++)
    {   WriteRawRC(FIFODataReg, *(pIndata+i));    }
    WriteRawRC(CommandReg, PCD_CALCCRC);
    i = 0xFF;
    do
    {
        n = ReadRawRC(DivIrqReg);
        i--;
```

```c
        }
        while ((i!=0) && !(n&0x04));
        pOutData[0] = ReadRawRC(CRCResultRegL);
        pOutData[1] = ReadRawRC(CRCResultRegM);
}
/////////////////////////////////////////////////////////
//功    能：选定卡片
//参数说明: pSnr[IN]:卡片序列号，4 字节
//返    回：成功返回 MI_OK
/////////////////////////////////////////////////////////
char PcdSelect(unsigned char *pSnr)
{
    char status;
    unsigned char i;
    unsigned int  unLen;
    unsigned char ucComMF522Buf[MAXRLEN];

    ucComMF522Buf[0] = PICC_ANTICOLL1;
    ucComMF522Buf[1] = 0x70;
    ucComMF522Buf[6] = 0;
    for (i=0; i<4; i++)
    {
                ucComMF522Buf[i+2] = *(pSnr+i);
                ucComMF522Buf[6]   ^= *(pSnr+i);
    }
    CalulateCRC(ucComMF522Buf,7,&ucComMF522Buf[7]);

    ClearBitMask(Status2Reg,0x08);
   status= PcdComMF522(PCD_TRANSCEIVE,ucComMF522Buf,9,ucComMF522Buf, &unLen);

    if ((status == MI_OK) && (unLen == 0x18))
    {   status = MI_OK;   }
    else
    {   status = MI_ERR;   }
    return status;
}
```

```
/////////////////////////////////////////////////////////
//功    能：验证卡片密码
//参数说明: auth_mode[IN]: 密码验证模式
//                        0x60 = 验证A密钥
//                        0x61 = 验证B密钥
//             addr[IN]：块地址
//             pKey[IN]：密码
//             pSnr[IN]：卡片序列号，4字节
//返    回：成功返回MI_OK
/////////////////////////////////////////////////////////
char PcdAuthState(unsigned char auth_mode,unsigned char addr,unsigned char *pKey,unsigned char *pSnr)
{
    char status;
    unsigned int  unLen;
    unsigned char i,ucComMF522Buf[MAXRLEN];

    ucComMF522Buf[0] = auth_mode;
    ucComMF522Buf[1] = addr;
    for (i=0; i<6; i++)
    {    ucComMF522Buf[i+2] = *(pKey+i);   }
    for (i=0; i<6; i++)
    {    ucComMF522Buf[i+8] = *(pSnr+i);   }
 //   memcpy(&ucComMF522Buf[2], pKey, 6);
 //   memcpy(&ucComMF522Buf[8], pSnr, 4);
    status = PcdComMF522(PCD_AUTHENT,ucComMF522Buf,12,ucComMF522Buf,& unLen);
    if ((status != MI_OK) || (!(ReadRawRC(Status2Reg) & 0x08)))
    {    status = MI_ERR;    }

    return status;
}


/////////////////////////////////////////////////////////
//功    能：写数据到M1卡一块
//参数说明: addr[IN]：块地址
//          pData[IN]：写入的数据，16字节
```

```
//返    回：成功返回 MI_OK
/////////////////////////////////////////////////////////////
char PcdWrite(unsigned char addr,unsigned char *pData)
{
    char status;
    unsigned int   unLen;
    unsigned char i,ucComMF522Buf[MAXRLEN];

    ucComMF522Buf[0] = PICC_WRITE;
    ucComMF522Buf[1] = addr;
    CalulateCRC(ucComMF522Buf,2,&ucComMF522Buf[2]);
    status= PcdComMF522(PCD_TRANSCEIVE,ucComMF522Buf,4,ucComMF522Buf, & unLen);

    if ((status != MI_OK) || (unLen != 4) || ((ucComMF522Buf[0] & 0x0F) != 0x0A))
    {    status = MI_ERR;    }

    if (status == MI_OK)
    {
        //memcpy(ucComMF522Buf, pData, 16);
        for (i=0; i<16; i++)
        {    ucComMF522Buf[i] = *(pData+i);    }
        CalulateCRC(ucComMF522Buf,16,&ucComMF522Buf[16]);

 status = PcdComMF522(PCD_TRANSCEIVE,ucComMF522Buf,18,ucComMF522Buf, &unLen);
        if ((status != MI_OK) || (unLen != 4) || ((ucComMF522Buf[0] & 0x0F) != 0x0A))
        {    status = MI_ERR;    }
    }
    return status;
}
/////////////////////////////////////////////////////////////
//功    能：读取 M1 卡一块数据
//参数说明: addr[IN]：块地址
//          pData[OUT]：读出的数据，16 字节
//返    回：成功返回 MI_OK
/////////////////////////////////////////////////////////////
char PcdRead(unsigned char addr,unsigned char *pData)
{
    char status;
```

```c
    unsigned int    unLen;
    unsigned char i,ucComMF522Buf[MAXRLEN];

    ucComMF522Buf[0] = PICC_READ;
    ucComMF522Buf[1] = addr;
    CalulateCRC(ucComMF522Buf,2,&ucComMF522Buf[2]);
  status = PcdComMF522(PCD_TRANSCEIVE,ucComMF522Buf,4,ucComMF522Buf, & unLen);
    if ((status == MI_OK) && (unLen == 0x90))
//    {    memcpy(pData, ucComMF522Buf, 16);    }
    {
        for (i=0; i<16; i++)
            {    *(pData+i) = ucComMF522Buf[i];    }
    }
    else
    {    status = MI_ERR;    }
    return status;
}

/////////////////////////////////////////////////////////////
//功     能：命令卡片进入休眠状态
//返     回：成功返回 MI_OK
/////////////////////////////////////////////////////////////
char PcdHalt(void)
{
//    char status;
    unsigned int    unLen;
    unsigned char ucComMF522Buf[MAXRLEN];

    ucComMF522Buf[0] = PICC_HALT;
    ucComMF522Buf[1] = 0;
    CalulateCRC(ucComMF522Buf,2,&ucComMF522Buf[2]);
  PcdComMF522(PCD_TRANSCEIVE,ucComMF522Buf,4,ucComMF522Buf,&unLen);
//status= PcdComMF522(PCD_TRANSCEIVE,ucComMF522Buf,4,ucComMF522Buf,&unLen);
    return MI_OK;
}
void IC_CMT(uchar *UID,uchar *KEY,uchar RW,char *Dat)
{
   uchar status = 0xab;
```

```
uchar qq[16]=0;//IC 卡的类型
uchar IC_uid[16]=0;//IC 卡的 UID

UartSend(PcdRequest(0x52,qq));//寻卡
UartSend(PcdAnticoll(IC_uid));//防冲撞

UartSend(PcdSelect(UID));//选定卡

UartSend(PcdAuthState(0x60,0x10,KEY,UID));//校验
 if(RW)//读写选择，1 是读，0 是写
 {
    UartSend (PcdRead(0x10,Dat));
 }
 else
 {
    UartSend(PcdWrite(0x10,Dat));
 }
 UartSend(PcdHalt());
}
```

4. 程序下载界面（见图 2.9.12）

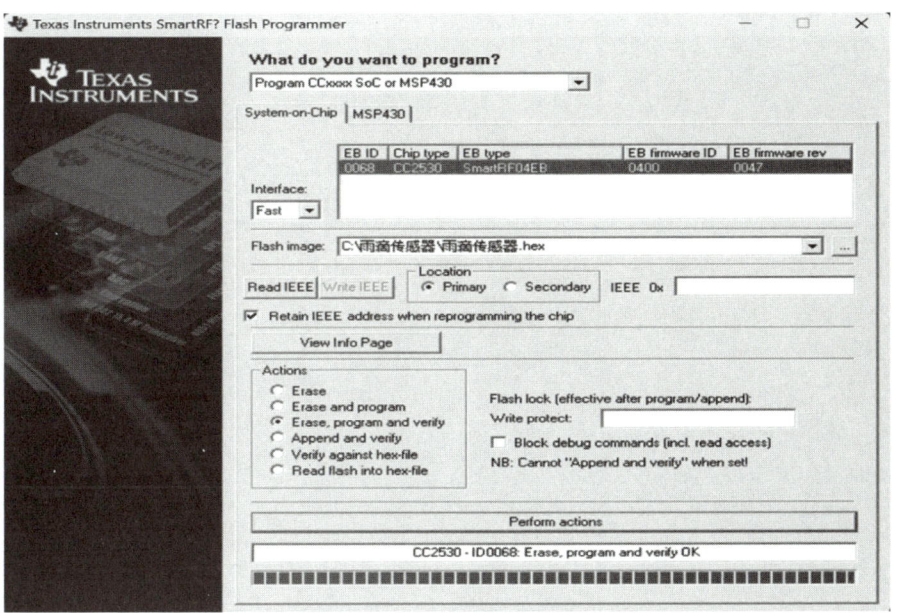

图 2.9.12　程序下载界面

5. 项目实现结果（见图 2.9.13、图 2.9.14）

图 2.9.13　刷卡结果展示

```
The Card ID is: 011353F7
The Card ID is: 080053F7
The Card ID is: 011353F7
The Card ID is: 011353F7
The Card ID is: 080053F7
The Card ID is: 011353F7
```

图 2.9.14　刷卡串口数据显示结果

参考文献

[1] 周润景．常用传感器技术及应用[M]．2 版．北京：电子工业出版社，2020．
[2] 褚君浩．传感器与智能时代[M]．上海：上海科技教育出版社，2022．
[3] 胡学海．传感器与数据采集原理[M]．北京：中国水利水电出版社，2016．
[4] 周润景．传感器与检测技术[M]．3 版．北京：电子工业出版社，2022．
[5] 王晓飞．传感器原理及检测技术[M]．3 版．武汉：华中科技大学出版社，2020．
[6] 罗志增，席旭刚，高云园．智能检测技术与传感器[M]．西安：西安电子科技大学出版社，2020．
[7] 唐文彦，张晓琳．传感器[M]．6 版．北京：机械工业出版社，2021．
[8] 萨佐诺夫．智能可穿戴传感器原理、实践与应用[M]．万浩，译．北京：机械工业出版社，2023．